最後期限

THE DEADLINE:
A Novel about Project Management

專案管理 101 個成功法則

20 週年 紀念版

湯姆‧狄馬克——著
（Tom DeMarco）

UMLChina 翻譯組——譯

經營管理 21

最後期限：專案管理101個成功法則（20週年紀念版）

作　　　　者	湯姆‧狄馬克（Tom DeMarco）
譯　　　　者	UMLChina翻譯組
責 任 編 輯	管中琪、林博華
行 銷 業 務	劉順眾、顏宏紋、李君宜

總 　編 　輯	林博華
事業群總經理	謝至平
發 　行 　人	何飛鵬
出　　　版	經濟新潮社
	115台北市南港區昆陽街16號4樓
	電話：(02) 2500-0888　傳真：(02) 2500-1951
	經濟新潮社部落格：http://ecocite.pixnet.net
發　　　行	英屬蓋曼群島商家庭傳媒股份有限公司城邦分公司
	115台北市南港區昆陽街16號8樓
	客服服務專線：02-25007718；25007719
	24小時傳真專線：02-25001990；25001991
	服務時間：週一至週五上午09:30-12:00；下午13:30-17:00
	劃撥帳號：19863813；戶名：書虫股份有限公司
	讀者服務信箱：service@readingclub.com.tw
香港發行所	城邦(香港)出版集團有限公司
	香港九龍土瓜灣土瓜灣道86號順聯工業大廈6樓A室
	電話：852-2508 6231　傳真：852-2578 9337
	E-mail: hkcite@biznetvigator.com
馬新發行所	城邦(馬新)出版集團Cite(M) Sdn. Bhd. (458372 U)
	41, Jalan Radin Anum, Bandar Baru Sri Petaling,
	57000 Kuala Lumpur, Malaysia.
	電話：+6(03)-90563833　傳真：+6(03)-90576622
	E-mail: services@cite.my
印　　　刷	一展彩色製版有限公司
初 版 一 刷	2004年1月1日
三 版 一 刷	2024年5月30日

城邦讀書花園
www.cite.com.tw

ISBN：978-626-7195-66-6、978-626-7195-69-7（EPUB）　　版權所有‧翻印必究

定價：390元

〈出版緣起〉
我們在商業性、全球化的世界中生活

經濟新潮社編輯部

　　跨入二十一世紀，放眼這個世界，不能不感到這是「全球化」及「商業力量無遠弗屆」的時代。隨著資訊科技的進步、網路的普及，我們可以輕鬆地和認識或不認識的朋友交流；同時，企業巨人在我們日常生活中所扮演的角色，也是日益重要，甚至不可或缺。

　　在這樣的背景下，我們可以說，無論是企業或個人，都面臨了巨大的挑戰與無限的機會。

　　本著「以人為本位，在商業性、全球化的世界中生活」為宗旨，我們成立了「經濟新潮社」，以探索未來的經營管理、經濟趨勢、投資理財為目標，使讀者能更快掌握時代的脈動，抓住最新的趨勢，並在全球化的世界裏，過更人性的生活。

　　之所以選擇「**經營管理—經濟趨勢—投資理財**」為主要目標，其實包含了我們的關注：「經營管理」是企業體（或非營

利組織）的成長與永續之道；「投資理財」是個人的安身之道；而「經濟趨勢」則是會影響這兩者的變數。綜合來看，可以涵蓋我們所關注的「個人生活」和「組織生活」這兩個面向。

這也可以說明我們命名為「**經濟新潮**」的緣由——因為經濟狀況變化萬千，最終還是群眾心理的反映，離不開「人」的因素；這也是我們「以人為本位」的初衷。

手機廣告裏有一句名言：「科技始終來自人性。」我們倒期待「商業始終來自人性」，並努力在往後的編輯與出版的過程中實踐。

好好學習專案管理的軟硬技能

盧鄭麟

　　你以為只有公司的工作才叫專案嗎？其實，當你安排一個私人旅行的時候，你已經在管理一個專案了，只是此時你同時扮演著專案經理、專案團隊和客戶的角色罷了。事實上，不論在工作或私人場域，專案都無所不在，而我們也經常不知不覺地在管理著這些專案。既然專案管理和我們的日常關係這麼密切，那麼，我們理應很擅長管理專案才對。然而，實際情況並非如此。

　　我在科技業和管理顧問業從事專案管理相關工作已近三十年，接觸過數百個專案管理實務案例，從中我發現，專案管理一直都是很多企業管理者和專案工作者的痛，許多專案都遭遇過需求不斷變更、時程延宕、成本超支、跨部門溝通困難、最後關頭才品質瑕疵爆量，導致專案難以收拾的狀況。最後只能靠專案團隊賣肝賣腎加班，拼命修補瑕疵來勉強結案。企業和

團隊都苦不堪言。

此外，由於專案經理多半也沒有團隊的績效考核權，有責無權，許多人因此而相當排斥擔任這個職務，結果，組織的專案管理知識和經驗也就變得更加難以傳承，而進入一個惡性循環。

然而，專案管理真的有這麼困難嗎？難道沒有一套方法可以來解決這些困境嗎？

我們知道，一個專案想成功，絕對必須先掌握能做出產品的技術。不過，光靠技術是不夠的，若組織沒有良好的專案管理制度，當大家聚在一起做專案的時候，團隊就經常會陷入群龍無首、一盤散沙，甚至是山頭林立的狀態。這就好像你徒有一群強壯的士兵（專案團隊）卻沒有一位能謀善戰的將軍（專案經理）領導大家打仗一樣，這樣是不太可能打出一場漂亮勝仗的（順利成功結案）。

此外，還有不少人認為，專案經理不需要懂技術，但我卻不敢苟同。舉手機開發專案為例，它需要整合很多技術，諸如軟體、邏輯電子電路、無線通訊、光學、聲學、機構、省電、散熱以及生產製造等，就算專案經理無法對這些技術「樣樣精通」，但我的實務經驗卻一再證明，專案經理一定得「樣樣都懂」。因為唯有如此，專案經理才能聽懂技術人員在講什麼，才能加入討論，才能洞察團隊盲點，最後做出最佳化的大小決策。否則，專案經理不可能得到團隊尊敬，也不可能指揮得動

團隊。

　　專案的領域知識和技術，只要不恥下問，通常都不難，因為專案經理並不需要懂得比團隊還深。不過要讓大家好好配合專案經理的指揮，確實還需要其他的軟技巧。譬如，專案經理得掌握利害關係人的各種眉角，得懂人性和心理學，還必須有足夠的組織政治生態敏感度。別懷疑，一位優秀的專案經理就是得有這樣的三頭六臂能力。

　　這麼多軟硬技巧要學，確實得花很多的心力。不過先別擔心，事實上，有一個很重要而且一點也不難，還可以讓你的專案管理事半功倍的利器，你一定要先學起來，那就是「專案管理計畫」。這個計畫必須涵蓋專案所有的人、事、時、地、錢的細節，包括它們之間錯綜複雜的關聯性。

　　比方說，專案必須交出哪些成果，否則就會無法結案？這些成果的品質驗收標準為何？需要做哪些任務才能得到這些成果？任務之間的先後順序怎麼安排？誰來執行這些任務？任務各需多少時間、設備和材料？各任務的成本是多少？這些都要放進計畫之內。

　　有了這份詳盡的計畫，專案團隊就有合作的共同依據，專案經理就有計畫執行的監控基準，一旦有人偏離了計畫，專案經理就要馬上評估，看看是否有必要立即矯正，這些就是專案管理最重要的規劃、執行和監控的技巧。如果你能掌握這個部分，專案的推展就必定能夠順利很多，而想學習這些技巧，

《最後期限》這本書就是你最好的老師之一。

本書作者以小說的手法來詮釋許多原本生硬的專案管理議題，讀起來讓人欲罷不能，學習起來很輕鬆。內容涵蓋了專案管理方方面面的軟硬技巧，廣度也很足夠。如果你能每隔一段時間就回頭重溫一次本書，我相信你會發現，本書其實很有深度。強烈推薦你，一定要好好珍藏、閱讀這本經典好書。

（本文作者為兵法管理顧問有限公司創辦人，

曾擔任HTC軟體專案經理團隊主管）

組織生產力提升的關鍵——專案管理

詹文男

　　相信只要是上班族都有管理專案的經驗，亦即每個人都有機會從事「透過他人的努力，運用他人的專業技能及組織資源，在期限內，不超過預算地達成專案之預定成果」的工作，這就是所謂的專案管理。

　　對於專案的管理，有人游刃有餘，有人卻牢騷滿腹，尤其是擔任一個有責無權的專案經理時，有時為了完成上司交付的任務，常需放下尊嚴，對著同事與部屬，到處求爺爺、告奶奶，搞得心靈滿是創傷，嚴重的還必須請假以療傷止痛。難道這就是專案經理的宿命嗎？

　　事實上，筆者前面所描述的場景並非特例，而是企業每天上演的劇情。專案管理所以能發展成為一門顯學，而且歷久不衰，顯示在組織發展的歷程中，成員對於專案的管理的掌握顯然仍有許多力有未逮之處。然而，做好專案管理真的是一件那

麼困難而遙不可及的夢想嗎？

其實不然。根據筆者在職場上的觀察與從事專案管理教學的經驗來分析，專案管理的確是一個深具挑戰的任務，但若能掌握管理專案的知識（Knowledge）、持有正確的態度（Attitude）、具備執行專案管理的技巧（Skill）、以及養成隨時練習的習慣（Habit），亦即針對KASH能有深入的理解與掌握，相信在管理任何型態及大小不一的專案將能輕鬆面對。

所謂知識，包括對專案管理本質的了解，以及專案管理工具的掌握以及管理步驟的熟悉；態度則是包括對團隊成員的管理以及相互之間的團隊合作有正確的認知；技巧則包括管理相關的人事物的技能，如目標的釐清，團隊的形成、選擇與管理，風險的評估與備案計畫的規畫等，若能將以上的元素融入工作實務中，則專案管理將不是一件艱難的任務。

而《最後期限》這本書，即是以說故事的手法，讓讀者能夠透過一個有趣的故事情節了解管理專案所應具備的知識、態度與技巧，雖然是談軟體專案的管理，但比較時下以方法及工具為導向來談專案管理的書籍，此書導入工作實務的情境，讓讀者更能體會工具與技巧適合在何種情境下使用，以及如何運用的方式，尤其每個段落還附有作者所體會對於團隊專案管理非常有用的實務法則。對於管理專案相當困擾、甚至束手無策的上班族而言，這本書提供一個非常快速的入門捷徑，讓讀者能夠輕易的上手。

　　在我們的工作與生活中，無處不是專案，一棟建築工程、一個記者會、結婚典禮的規畫、籌畫假期旅行，都需有專案管理的能力，才能讓組織更有效率，讓我們的生活更有秩序。想要提升專案管理能力的人，《最後期限》這本書絕對值得向您推薦。

（本文作者為數位轉型學院共同創辦人暨院長、前資策會產業情報研究所〔MIC〕所長）

〔推薦序〕

看小說也可以學習到專案管理的智慧

楊亨利

　　學資訊管理的人都應該知道DFD這種傳統的系統分析工具。DFD的符號有不同的繪法，其中一套就是 DeMarco與Yourdon所提出的。所以，對Tom DeMarco此人應該不陌生。對這麼一位大師所寫的書，我們會有怎樣的預期呢？

　　聽過狗熊偷玉蜀黍的故事吧？狗熊用雙手偷了根玉蜀黍，夾在左手的腋下，然後再用雙手偷下一根玉蜀黍，又夾在左手的腋下，結果總共只偷走了一根玉蜀黍——因為其他之前所夾的，通通掉在地下了。學生呢？終年受教，背重點、找考古題，一切只重考試，考完了卻又都忘光了。教師偶爾提醒學生要思考，所面對的卻常是一片茫然。學習與教學就真是如此無奈嗎？

　　我教導系統分析與設計、軟體工程相關課程多年，常感到要讓學生們真能體會系統開發中的問題是十分困難。不管是用

英文、中文的教科書，書中所提的觀念，對同學們似乎永遠只是「考試是否會考這個」。即使輔以分組來進行小型真實專案的開發，究竟真實度還是不夠，時間也僅有二、三個月，同學們還是難以體會出其間蘊含的管理議題、人性問題、組織政治的現實等。這其實也怪不得同學，畢竟是缺乏經驗智慧的累積與洗禮。個案教學或許是補強同學經驗、給予思索情境的一個方式。

本書是個案嗎？卻也不是，作者用的是小說手法，有鮮明的人物與刻意安排的情節。這本書讓學生們來看，應比教科書可讀性高得多。或許，若被其情節吸引，還會讓他們廢寢忘食。

看小說又會有何長進？這小說雖也安排了男女主角，可是它可不是一本言情小說。其實，若真從言情小說角度來看，或許還會覺得其某些情節、乃至結局安排並不十分合理。

那這到底是何種小說？它出現了下列一些名詞：「甘特圖」、「PERT圖」、「狀態報告」、「時間卡」、「專案里程報告」、「軟性議題」、「人員選擇」、「任務分配」、「激勵團隊」、「CMM 2、3級」、「對照實驗」、「關鍵性專案」、「介面樣版」、「半匿名互動機制」、「流程改善」、「模擬器」、「除錯」、「測試」、「最後一分鐘實作」、「軟體審查」等。學資訊或教資訊的人，若不先告訴你這是什麼樣的書，你是不是會猜它是本典型的系統分析、軟體工程或專案管理的教科書呢？

　　曾有個碩士班學生說：「學資管啊，就只要懂一些名詞；當別人提到時，你不會陌生，或你能對別人搬弄這些名詞就好。」是這樣嗎？當然不是。不懂得整體概念，弄不好，你就要班門弄斧、貽笑大方了！可是，若真能懂得該懂的名詞，卻也是第一步，尤其是對現在大學部學生的基本要求！強灌輸上述這些名詞，考考名詞解釋，學生去背誦、默寫，而後，再遺忘。若真如此，豈不如同上述狗熊般的悲哀？若能在看小說時，潛移默化地去體會、主動去了解那些觀念，豈不是更愉快？

看完本書，你應能：

- 對管理、尤其是專案管理有所體會
- 對組織政治有些了解
- 知道壓力與生產力的關係
- 明白人力資源在專案發展中的角色（資管同學，聽過人月數字的迷思吧？加人手真的能解決問題，加快系統開發速度嗎？）
- 也對如何解決衝突有基本認識

　　這書還有一個特點，它用了男主角寫日記的方式，傳遞了一般教科書中的重點、總結。仔細去咀嚼那些話語，或許你可得到很多！

（本文作者為政治大學資訊管理系兼任教授）

目次
CONTENTS

前言

1930年代，科羅拉多大學的物理學家喬治·迦莫夫（George Gamow）開始撰寫一系列關於湯普金斯先生（Mr. Tompkins，一個中年銀行職員）的短篇故事。故事中的湯普金斯先生對於現代科學很感興趣，他總是去聽當地大學一位物理教授的夜間課程，但在課堂上必定睡著。當他醒來的時候，總會發現自己來到另一個宇宙，在那裏，某些物理常數發生了令人驚訝的變化。

例如，其中一個故事提到：在湯普金斯醒來的宇宙中，光速只有每小時15英哩。這意味著他可以騎在自行車上觀察到相對論的效應：當他加速時，城市的街區在他前進的方向上變短了，而且郵局的時鐘也變慢了。在另一個故事裏，湯普金斯來到一個蒲朗克常數為1.0的世界，這時他可以在撞球台上**看到**量子力學所描述的效果：球不是直線地滾過球台，而是隨機出現在各個離散的位置上。

　　當我第一次讀到迦莫夫的故事時，還是一個少年。就像湯普金斯一樣，我對現代科學也非常感興趣，當時我已經讀過很多關於相對論和量子力學的資料。但是，直到我讀過《湯普金斯先生在奇境》（*Mr. Tompkins in Wonderland*）之後，我才真正對這些理論有了自己的理解。

　　我一直很推崇迦莫夫獨創的教育方法，這使我想到用類似的方法來闡述一些關於專案管理的原則。我需要做的就是描述這樣一個故事：一個經驗豐富的專案經理被送到一個「奇境」，在那裏，專案管理的規則發生了有趣的變化。這就是《最後期限》最初的靈感來源——我應該感謝迦莫夫，因為我借用了他的靈感。本書故事是關於一個叫湯普金斯的經理人，以及他在前蘇聯摩羅維亞共和國（Republic of Morovia）的軟體專案中不尋常的經歷。

1

機會來了

　　湯普金斯先生選了最後一排位子坐下來。這是位於新澤西州的佩內洛普電話和通信公司的大禮堂。過去的幾個禮拜，因為參加各種就業輔導說明會，他對這裏已經熟得不得了。湯普金斯和其他幾千個專業人員、中階主管一樣才剛被解雇。嗯，他們通常不用「解雇」這個詞。他們更喜歡說「裁減冗員」或「縮編」，或「調整結構」，或「精簡」，或「減少管理」。或者，他們最喜歡的說法是「離開，到別的地方去發展」。他們甚至簡寫成 ReSOE（Released to Seek Opportunities Elsewhere）。湯普金斯就是一個ReSOE。

　　今天進行的還是「機會來了」系列活動。活動公告上面說，這個為期五週的活動是「超過100小時的潛能訓練、諷刺喜劇、穿插音樂表演、還有慶祝我們變成ReSOE」。那些還在職的人力資源部的人悉心安排這些活動，彷彿覺得能成為ReSOE是「因禍得福」。他們明確表示自己也很樂意成為ReSOE。當

然他們會這麼想，不過沒那麼好運。是的，他們還得裝模作樣，負起發放薪水和福利的責任。現在他們在台上，面對聽眾站成一排。

會場的最後幾排，被音響工程師們稱為「零信號區」。出於某些原因（甚至沒人能解釋為什麼），在這幾排幾乎聽不到來自前面的任何聲音。於是，這裏變成了絕佳的睡覺場所。湯普金斯總是選這裏坐。

他把今天拿到的一大堆傳單放在前面的座位上。發下來的帆布包裏有兩本厚厚的活頁筆記本和一些常用文具，包包的外面有個標誌：「我們的公司瘦下去，外面的世界才能胖起來」。包包上還有一個棒球帽，上面繡著「ReSOE，引以為榮！」的字樣。湯普金斯把帽子戴上，然後把它往下拉遮住臉。幾分鐘後，他進入了夢鄉。

人力資源部的人在台上站成一排開始唱「機會來了，真棒！」。按照預先的安排，聽眾應該跟著節奏拍手，並且大喊「真棒！」。在台上的左邊，有個人拿著擴音器不斷地招呼聽眾「大聲點！大聲點！」。一些人開始不情願地拍手，但是沒有人喊出聲來。雖然這些喧鬧聲傳到「零信號區」只剩一點點，不過也吵醒了湯普金斯。

他打了個呵欠，坐直身子。他首先注意到，還有一個人也坐在這個安靜的區域中，和他僅隔著一個座位。而且他發現，她非常可愛。看起來大約30歲出頭，膚色比較黑，中等長度的

黑髮修剪成荷蘭式，一雙深色的眼睛看起來像外國人。她靜靜地看著台上的表演，非常輕蔑地微笑著——那根本不能算是微笑。湯普金斯想以前可能在哪裏見過她。

「我錯過了什麼嗎？」他問道。

她的目光仍停留在台上：「只有一件重要的事。」

「妳可以告訴我嗎？」

「他們要你離開，又不想讓你到MCI❶去。」

「還有別的嗎？」

「呃……讓我想想，你睡了大概一個小時。這一個小時裏都發生了什麼事……沒有，我想沒有了。他們只是一直在唱歌。」

「我了解。對人力資源部來說，這是一個典型的『成功的早晨』。」

「噢——應該怎麼說？湯普金斯先生醒了，而且有點生氣的樣子。」

「看來是妳佔上風，」湯普金斯說，並伸出他的右手，「湯普金斯。」

「胡莉安。」她說著握住他的手，眼睛直視著他。那眼睛顏色很深，幾乎是全黑的，讓人想一直看著它。湯普金斯感覺自己的臉頰微微發熱。「呃……我的名字是韋伯斯特。韋伯斯

---

❶ 譯註：MCI是一家電話公司，與湯普金斯先生現在的公司是競爭對手，所以儘管湯普金斯先生已經被解雇了，公司還是不想讓他到MCI去。

特‧湯普金斯。」

「萊克莎。」

「很有趣的名字。」

「這是以前巴爾幹地方的名字。來自摩羅維亞❷。」

「喔。」他很聰明地為自己掩飾。

「嗯。」

「我想，我們以前見過吧？」他突然想起這個問題來。

「是的。」她卻沒有繼續說下去。

「我知道了。」他還是想不起在什麼地方見過她。他環視整個會場，附近沒有別人。他們倆雖然在公開的場合，還是可以私下交談。他回頭對他迷人的同伴說：「妳也是ReSOE，我猜對了嗎？」

「不，我不是。」

「不是？那妳還在公司裏？」

「也不是。」

「我不懂。」

「我根本不是這裏的員工。其實，我是一個間諜。」

他笑了起來。「這一定是個玩笑。」他想。「說下去。」

「我是一個商業間諜。聽說過嗎？」

「我想是的。」

「你不相信。」

----

❷ 譯註：虛構的國家名稱。

「呃……那是因為妳看起來不像個間諜。」

她的臉上又浮現那種讓人生氣的微笑。當然，她看起來真的很像個間諜。事實上，她看起來天生就是一個間諜。

「我想妳在騙我。」

她搖著頭，「我會證明給你看的。」她取下自己的身分證，遞給他。

湯普金斯低頭看著身分證。在她的照片上印著「萊克莎·胡莉安」。「等等，」他說著把身分證拿近了一些。從表面上看似乎沒什麼問題，但是壓膜下面好像不太對。實際上，那根本不是壓膜，只是一層塑膠皮。他把塑膠皮撕掉，照片從身分證上掉了下來。原來這張照片下面還有一張照片，是一個中年男子。現在他看出來了，她的名字是用膠紙粘在身分證上的。他把膠紙撕掉，看見下面的名字是「瓦爾特·斯托格爾」。「哇，這是我看過的最差勁的偽造證件。」

她歎了口氣：「摩羅維亞的KVJ❸可沒有那麼豐富的資源。」

「妳真的是……」

「嗯。要去告發我嗎？」

「呃……」一個月前，他一定會那樣做。但是，一個月的時間可以發生很多讓人改變的事。他考慮了一下，然後說：「不，我不會。」他把身分證還給她。她優雅地把身分證塞進

---

❸ 譯註：指祕密警察機關。

錢包。

「摩羅維亞……是不是一個共黨國家？」湯普金斯問她。

「對。可以算是。」

「妳替一個共產黨政府工作？」

「可以這麼說」

他搖著頭。「這是怎麼回事？我是說，如果1980年代證明了什麼的話，那就是共產主義已經破產了，不是嗎？」

「嗯。那麼1990年代告訴我們說，另一個陣營也不怎麼樣。」

「當然，有很多人被裁員是真的。」

「光是之前九個月裏就有330萬人被裁員，你是其中一個。」

一陣沉默，湯普金斯細細地咀嚼著她的話。現在他應該說點什麼。「呃……」多麼沉重的話題，他想。他很機警地換一個話題：「告訴我，胡莉安女士，間諜的工作怎麼樣？我的意思是，我現在也正在找工作。」

「噢，不，韋伯斯特，你不是當間諜的料，」她竊笑道，「完全不是。」

他有點生氣：「是啊，我根本不懂這些。」

「你是一個經理人。一個系統管理者，一個傑出的經理人。」

「不過有些人並不這樣想。妳看，我已經成了一個ReSOE。」

「的確有些人真的沒大腦。可是這樣的人通常會成為大公司的高階主管。」

「是啊。不管怎麼說，我還不知道一個間諜究竟都做些什麼。我是說，我從來沒碰到過一個間諜。」

「就像你所想的，盜竊公司的機密，偶爾綁架一個人，或者還會搞搞謀殺什麼的。」

「真的？」

「呵呵，當然了。這都是間諜的日常工作。」

「呃……這可不是什麼值得尊敬的工作。妳竟然會綁架別人，甚至……甚至殺掉他們？只是為了獲取商業利益？」

她打了個呵欠：「我想是這樣吧。不過並不是所有的人都值得下手。我們只會幹掉那些值得幹掉的人。」

「好吧，但不管怎麼說，我還是很難贊成這種做法。我是說，我根本無法贊成。什麼樣的人會去綁架另外一個人呢？我們甚至都不會跟陌生人說話，什麼樣的人才能做到呢？」

「我猜是非常聰明的人。」

「聰明？做這種事情還需要聰明？」

「不是指綁架本身。那完全是機械式的。問題的關鍵是要知道**應該綁架誰**。」她彎下腰，從腳邊的小冰筒裏拿出一罐飲料，打開它。「你要喝點飲料嗎？」

「唔，不了，謝謝。我從來不喝其他飲料，除了……」

「……健怡的『胡椒博士』。」她拿出一罐冰涼的健怡「胡椒博士」。

「噢，好吧，既然妳有……」

她拉開拉環，遞給他。「乾杯。」她說著與他碰了一下瓶子。

「乾杯。」他喝了一口。「知道該綁架誰會很困難嗎？」

「還是我來問你吧。管理中最困難的是什麼？」

「人。」湯普金斯不加思索地回答。這是他最熟悉的主題，再清楚不過了。「讓正確的人去做正確的事。這就是優秀的管理者和平庸的管理者之間的區別。」

「嗯。」

現在他想起在什麼地方見過她了。那是在半年前，一個企業管理的課堂上。那時她就坐在最後一排，當他站起來與主講人就這個問題展開辯論的時候，她就在旁邊，與他只隔幾個位子。是的，現在他全想起來了。他們請一個叫卡布福斯——愛德加・卡布福斯——的傢伙來上這門課，他大概25歲，很明顯從來沒有管理過任何人、任何事。而他要教湯普金斯這種做了半輩子管理工作的人如何管理。更糟的是，他要上整整一週的課（這是課表上寫的），而絲毫不提關於人的管理。湯普金斯站了起來，狠狠地訓了他一頓，然後走出教室。生命如此短暫，他可不想把時間浪費在這種「培訓」上面。

當時她也聽到了這些，但現在他還是把對卡布福斯說的又對她重複一遍：「尋找合適的人。然後，不管你之後做錯了什麼，他們都會拯救你。這就是管理。」

「嗯。」

長時間的沉默。

「噢。」最後還是湯普金斯開口了。「妳的意思是，挑選合適的人選來綁架，也是同樣的道理，是嗎？」

「當然了。你必須挑選出對你有利的人，而你的競爭對手會因為失去這個人而被削弱。要知道該選誰，這並不容易。」

「好吧，我的確不知道。我猜妳會選那個組織中最醒目的人。難道不是這麼簡單嗎？」

「大錯特錯。假如你真的想搞垮這個組織，你會選擇除掉那個最醒目的人嗎？比如說，他們的CEO？」

「呵呵，當然不是。我猜如果妳除掉了他們的CEO，這家公司的股票一般會上揚20個點。」

「沒錯。這就是我經常說的羅傑・史密斯效應（Roger Smith Effect）──他是以前通用汽車的董事會主席。我決定留下史密斯，讓他來搞垮通用汽車公司。」

「噢，好主意。」

「現在，如果我想對你們的公司搞點真正的破壞，我就知道該對哪個經理下手。」

「妳已經有目標了？」誰是公司裏真正不可或缺的人物，湯普金斯大概還心裏有數。

「當然。想知道嗎？」她從錢包裏拿出小筆記本，在上面寫了三個名字。然後她考慮了一下，又加上了第四個。隨後把本子遞給他。

他盯著這個名單。「唔，」湯普金斯說道，「這就像一枚

原子彈，會把公司炸回到黑暗時代去。妳正確選擇了四個人……他們都是我的朋友，有家有孩子。妳不會是想……」

「噢，不。不用替他們擔心。只要你們的公司繼續保持現狀，根本就不需要搞任何破壞。相信我，不管這四個優秀的經理在不在，你的老闆很快就會走路了。我來這裏的目標不是他們，而是你，韋伯斯特。

「我？」

「對。」

「為什麼？摩羅維亞的K—V……要我來幹嘛？」

「KVJ。不，不是KVJ需要你，而是摩羅維亞全國需要你。」

「請妳解釋一下。」

「好吧，我們的國家元首——我們一般叫他『元首』——宣布，到2000年，摩羅維亞將成為世界上最大的軟體出口國。這是我們未來最重要的國家計畫。我們正在建造一個世界級的軟體工廠。我們需要有人來管理它。就這麼簡單。」

「你們打算雇用我？」

「差不多吧。」

「我真的很驚訝。」

「可以理解。」

「好吧，看來是真的囉。」湯普金斯又喝了一大口飲料，換上了狡猾的眼神：「說說看，你們能出多少？」

「噢，我們可以晚一點再討論這個問題。我們到達那兒以

後再說吧。」

　　他笑了，表示不肯相信：「那兒？妳以為在談好條件之前，我會跟妳去摩羅維亞嗎？」

　　「你會的。」

　　「我可不敢肯定。我是說，我現在對妳和妳那些惡劣手段多少有一些了解。如果我不接受妳的條件，誰知道妳會對我做些什麼？」

　　「是啊，誰知道？」

　　「如果我跟妳去，我就真是個大傻瓜……」他停下來，想著該怎麼說。他的舌頭好像有點發麻。

　　「非常傻的大傻瓜。是啊。」她表示同意。

　　「我，唔……」湯普金斯低下頭看著手中的飲料。「妳說，妳是不是……」

　　「嗯。」她說道，露出了神祕的微笑。

　　「唔……」

　　不一會兒，湯普金斯先生就失去了知覺，悄無聲息地滑到座位下面。

2

一堂管理課

　　湯普金斯開始做夢了。他做了一個好長好長的夢，彷彿有好幾天那麼長。

　　夢開始的時候，他閉著眼睛走在路上。有個人在他的右邊，一隻有力的手扶著他的手臂，很溫暖。還有一種淡淡的、讓人很舒服的氣味。氣味很淡，顯然是女人身上的味道，有點像玫瑰或是薑花。這種氣味讓他感到很滿足，還有溫暖的感覺。在他的左邊，似乎有一個男人，沒有那種溫暖的感覺，也沒有那種舒服的氣味。那應該是莫里斯，在會場外值班的警衛，他這樣想著。他也很清楚聽到莫里斯的聲音在耳邊響起：「我們走吧，湯普金斯先生，往這邊。你現在很安全。」

　　他很安全。沒錯，這讓他放鬆多了。他開始感覺越來越好。他的舌頭有點動不了，嘴裏還有點辣辣的，但身體其他部分充塞著一種滿足感。這一定是嗑藥的感覺，他想著。「毒品。」他大聲說道。但他聽到自己的聲音卻是含混不清地說

著：「肚皮。」

「是的，親愛的，」一個溫柔的聲音在他耳邊呢喃地說：「『肚皮』。只有一點點，非常好的一點點。」

然後，他走到了陽光下，那種溫暖的感覺還在身邊。他先是上了車，接著走路，隨後坐了下來，最後又躺下。他一直都感覺很舒服。

神祕的胡莉安一直都在他的旁邊。他們一起到了某個地方，某個他認為不太應該去的地方。我的天啊，他想著，他彷彿是一個冷漠的旁觀者，看著韋伯斯特和萊克莎一起離開。哦，這也不算壞，她一直在他耳邊低語。她的味道在他身邊縈繞不去。

後來，他們上了飛機。機長走過來向他問好，而機長也是萊克莎。空中小姐給了他一杯飲料，她還是萊克莎。她把杯子放到他的唇邊讓他喝。然後萊克莎又成了機長，她走到前面去駕駛飛機，讓他躺在雙人座上，用她的毛衣給他當枕頭。她的毛衣上也滿是她的味道。

夢的後半部開始有點不同了。一開始就像是一部電影。很不錯的一部電影，他想。你在做長途飛行，而你的新朋友在前面駕駛飛機，這本來就像電影一樣。想知道電影中還有誰嗎？

出乎他的意料，電影中的主角是韋伯斯特·湯普金斯。好熟悉的名字，韋伯斯特·湯普金斯。湯普金斯努力回憶這個傢伙是不是還演過別的電影。他是不是看過其中的一兩部？當然

了，在字幕之後，出現的是一個熟悉的場景，一個他以前肯定看到過的場景。那是一家公司的培訓教室裏，一個年輕人在台上冗長地說教。扮演那個年輕人的是愛德加・卡布福斯。

「我們將制定出甘特圖（Gantt charts），」卡布福斯說道，「還有PERT圖❶、狀態報告、與人力資源部的互動介面、每週會議的計畫、電子郵件的使用規定、時間卡、進度追蹤紀錄、專案里程碑報告，還有──這是我們**特別**感興趣的部分──制定一個品質計畫。就這樣，各位還有什麼問題嗎？」

湯普金斯站了起來。「我有問題，我叫湯普金斯。我的問題是：這就是全部了嗎？這就是整個課程安排嗎？」

「是的，這就是全部。」卡布福斯自信地答道。

「這就是你關於專案管理的整個課程安排？」

「嗯哼。你覺得還漏掉了什麼嗎？」

「沒什麼重要的，除了人的問題。」

「人？」

「是的。為了完成專案，我們必須有人。」

「當然了。」

「我本以為你會在課程中講到一些關於人的內容。」

「比如說？」

「比如說，雇用。雇用人是經理人該做的唯一重要的

---

❶ 編按：PERT（Program Evaluation and Review Techniques），一般稱「計畫評核術」。

事。」

「也許是吧，」卡布福斯表示同意，「我們的意思不是你不該去做這件事，也不是說這件事不重要，也不是說⋯⋯」

「看來你根本不打算談這個問題。」

卡布福斯低頭看了看他的筆記本：「嗯，我想的確是沒有。你看，雇用是一個**軟性**議題，那是不容易在課堂上教的。」

「是不容易，但那是必要的。我還注意到你的課程中似乎沒有任何關於如何給人安排適當的工作。」

「是的，那也很重要。但是⋯⋯」

「但是你也不打算談它。」

「是的。」

「也沒有任何關於如何激勵員工的內容。」

「是的。我再說一遍，那也是一個**軟性**的議題。」

「也沒有任何關於建立團隊的內容。」

「哦，我會說明那有多麼**重要**。每個人如何把自己當作團隊的一分子。你看，我們都屬於同一個團隊。是的，我還會強調這是多麼必要，每個人都應該⋯⋯」

「是啊，是啊。但是你就是不肯談談如何建立一個團隊、如何讓團隊融洽、如何帶領團隊起步、如何使他們凝聚力量。你會講這些內容嗎？」

「不。我們將更專注於管理的硬科學。」

「你想教我們管理的硬科學，卻絲毫不談人員的選擇、任

務的分配、激勵或建立團隊？你知道這是管理中最根本的四個要素嗎？」

「好了，我們的確不會涉及這些內容。這讓你很困惑嗎？這位湯⋯⋯」

「湯普金斯。是的，的確有些東西讓我感到困惑。」

「是什麼？」

「你給我們上的課沒有這四樣東西，你還想把這門課叫做『專案管理』？」

「噢，你是說只是這門課的名稱讓你困惑？那麼你想把它叫做什麼？」

「叫它『文案工作』❷如何？」

課堂上一陣騷動。湯普金斯轉身走出了教室。

倒帶。場景又重演一遍：「叫它『文案工作』如何？」一陣騷動。湯普金斯轉身走出了教室。有個人在背後看著他，他回過頭想看看是誰——一個年輕女子，深色皮膚，黑眼睛，歪著嘴笑。萊克莎·胡莉安。「文案。」她用嘴唇無聲地重複這個詞，表示贊同。他還她一個微笑。「文案。」她停在中間的音節上，微張著厚厚的、深粉色的嘴唇。

湯普金斯在他的座位上翻了一個身，把她的毛衣蓋在臉

---

❷ 譯註：「文案工作」（administrivia），意指除去對人的管理之後，專案管理只剩下枯燥的文件，而不再有管理的作用。

上，貪婪地呼吸它散發的淡淡芳香。「文案。」他對自己說。他試著回憶卡布福斯當時的表情。當時卡布福斯驚訝得下巴都快掉下來了。是的，的確如此。文案……吃驚的卡布福斯……教室裏的騷動……湯普金斯大步走出教室……萊克莎重複那個詞……湯普金斯重複那個詞……兩人微張的嘴唇碰在一起。「文案。」他說道，轉身，看著萊克莎，她微張的嘴唇，他……眼前的情景一遍遍重播……

「可憐的寶貝，」頭頂傳來萊克莎的聲音。她彎腰看著他：「你掉進了不斷的輪迴之中。這全怪你的『肚皮』。它讓你想起同一件事，一遍又一遍。」

「文案。」湯普金斯喃喃說道。

「喔，我還記得你對那個傢伙說的。我被你打動了，直到現在。」她給他蓋上一條毛毯。同一部電影再次上演。公司的培訓教室裏，胡莉安和湯普金斯坐在後排，卡布福斯仍在前面說教：「甘特圖、PERT圖、狀態報告、與人力資源部門之間的互動介面、每週會議的計畫……」

3
「矽谷」

湯普金斯在自己的床上慢慢醒來。他穿著自己常穿的蘇格蘭絨睡衣，蓋著用了多年的藍白花紋舊被單，腦袋下面是最愛的舊枕頭。所有的東西都有家的味道，但很明顯，他不是在自己的家裏。就在床的左邊，有一扇大大的窗子，而在他的家裏，那兒是沒有窗子的。而且窗外有一棵棕櫚樹。想想吧，在新澤西州會出現一棵棕櫚樹！當然，唯一的解釋就是：他不在新澤西州。

在床的對面，稍遠的那面牆上，還有一扇巨大的窗戶。在那窗戶的旁邊，他祖母的老搖椅前後搖晃著。坐在搖椅上的卻是萊克莎・胡莉安。她從手上的書中抬起頭來。

他的嘴裏還有一些怪味，舌頭就像一張乾透了的厚毛巾。沒費太大力氣，他就從床上坐了起來。天啊，好渴。

萊克莎沒說話，只是指指床邊的小桌。他轉過頭，發現一大杯冰水。他拿起杯子，大口大口地喝個精光。

　　桌上還放著一個水壺。他又給自己倒了滿滿一杯，喝到自己感覺不那麼渴了才放下。長長的沉默，他拼命想到底發生了什麼事。「那麼，」最後他還是開口了，「妳真的做了。」

　　「嗯。」

　　他詫異地搖著頭：「妳這種人啊，難道妳就不覺得可恥嗎？妳竟然會破壞一個人的生活，逼他離開他心愛的……」

　　她給他一個微笑：「噢，韋伯斯特，沒有你說的那麼糟糕。你心愛的什麼？工作？居住的城市？當然，那兒有你的朋友，但是你被解雇了，如果在別的地方找到新工作，你還是得離開他們。現在，你在這裏，你找到了新工作——有很多事要做。我們破壞了你什麼？」

　　這倒是真的。誰會真的想念他呢？誰又不是隨時可能離開呢？「我有一隻貓！」他突然悲傷地說道，「一隻可憐的小灰貓！在這個世界上，牠只能依靠我一個人！牠的名字叫……」

　　「希福。」她接著說，「是的，可愛的小希福。我們已經是好朋友了。」她撓撓腿邊的椅子，一隻白色腳爪的灰色小貓立刻蹦蹦跳跳地跑到了她的身邊。

　　「希福！」湯普金斯大喊起來，「離開那個女人！」

　　希福根本不理他。牠爬上萊克莎的膝蓋，蜷成了一團。萊克莎撓撓牠的頭頂，那可愛的小傢伙發出快樂的咕嚕聲。

　　「叛徒！」湯普金斯氣急敗壞地叫道。

　　他的衣服擺在梳粧台上，一條牛仔褲、一件棉布襯衣、內

衣和內褲。他直盯著萊克莎，給她最明顯的暗示：他想要一點隱私。她調皮地笑了起來。湯普金斯抓起衣服，走進浴室，關了門，上了鎖。

浴室很大。厚厚的牆上開著的窗子至少有六英呎高。他把頭伸出窗外，看見這座建築物石頭的外牆。他所處的房間是在二樓，樓下是一個很漂亮的花園。浴室裏的裝置都是老式的，優雅的白瓷器皿和黃銅水管。所有的東西都是那麼乾淨而典雅。他就像置身在一家高檔的老式瑞士旅館裏一樣。

「還需要什麼嗎？」萊克莎的聲音從緊閉的門外傳來。

「走開！別來吵我！」

「我們可以隔著門說話嘛。」

「我們沒什麼可說的。」

「噢，可是我們確實有很多事要談。我們必須談談你的新工作。你恐怕已經大大落後了。」

「我才剛到這裏而已。」

「計畫正在進行中。難道不總是這樣嗎？我毫不懷疑你也遇到過這種情況。一旦落後，你就趕不上了。」

這讓他有點生氣。他一邊扣著襯衣上的鈕子，一邊走出了浴室。「如果真是這樣，如果我接到的是實際上根本無法完成的工作，唯一的可能就是計畫從一開始就是錯的。那麼，又是誰訂的計畫？毫無疑問，一定是哪個傻瓜！妳應該讓這個傻瓜滾得遠遠的！老是接到『不可能的任務』，我都煩死了！」

「你生氣的樣子真可愛。」

又是那個讓人生氣的微笑，她看起來那麼漂亮。「我一點都不覺得這有多好玩，小姑娘，這一點都不好玩。別跟我說這些。」

「好的，先生。」她做出一個懊悔的表情。

湯普金斯在祖母那張墊著厚厚坐墊的軟椅上坐下，面對著萊克莎。「言歸正傳。如果我完全拒絕為妳和妳那愚蠢的工作做任何事，妳會對我怎樣？如果我堅決地對妳說『不』，妳又會對我怎樣？妳會把我活埋嗎？」

「拜託，韋伯斯特，我們不會幹那種事。如果你不認為這份工作是一個好機會，如果你不喜歡它，我們會把你、希福和你的整個世界完好無缺地送回新澤西州，然後祝你好運。我們會先送你到羅馬，讓你好好度一個週末，休息一下。旅館、航班都是一流的，全由我們付帳。還有比這更公平的嗎？」

「我能相信妳嗎？」

「你能相信我嗎？為什麼你不試著相信我呢？我從來沒有對你說過任何小謊，不是嗎？你想想，難道我對你說的不都是實話嗎？」

他輕蔑地擺擺手：「誰知道呢？……如果接受這份工作，我又能得到什麼？」

「錢啊。當然，還有工作的興奮、成就感、友情、意義重大的成果，這些全部。」

「那好。說說我的酬勞吧，有多少？」

她從手邊的文件夾中抽出一些文件：「我們考慮一份為期

兩年的契約。」她遞給他一封信，一封來自摩羅維亞某個部門的信，考究的信頭寫著他的名字。他看了看第二頁上的「雇用條款」。他們打算付給他數倍於以前的薪水，而且是稅後收入，用美元支付。「哦？」他有點驚訝。

「另外，你還能得到一定的股份，可以自由買賣。」萊克莎告訴他。

他誇張地聳了聳肩。他無法想像，摩羅維亞這個國家能拿出什麼樣的股票。

萊克莎遞給他另一份文件。這是他在富達投資公司（Fidelity）的一張存款條，在「存款總額」一欄寫著這份契約的總金額，一共兩年的薪水。

「我怎麼知道契約到期時你們會不會真的付錢？」

她又遞給他一張單子，紐約銀行的支票，正好是契約的總金額。「提前付款。你接受這份工作，我們立刻把所有的報酬匯進你的帳戶。你可以通知你的律師，讓他確定存款之後再告訴你。另外富達投資公司會寄給你一份書面確認。我們可以讓你在一個星期之內拿到所有這些東西。在此之前，你一直是我們的客人，你可以把這當成是一次海灘假期。」

「我甚至還不知道摩羅維亞到底在哪裏。」

「在海上。摩羅維亞在義大利東南方的愛奧尼亞海上。天氣好的時候，你可以從陽臺上看到希臘中部的山脈。」

湯普金斯考慮了一下。「那麼我的工作是什麼？」他最後問道。

她俏皮地眨眨眼：「我還以為你永遠不會問呢。」

「我不想兜圈子，」湯普金斯看著面前的簡報說，「實際上你們有1,500名資深的軟體工程師。」

萊克莎點點頭：「這是最近的數字。他們都會在你的手下工作。」

「而且據妳所說，他們都很優秀。」

「他們都通過了摩羅維亞軟體工程學院的CMM 2級❶以上的認證。」

「太厲害了！你們怎麼做到的？你們都從哪裏找到這麼多高級工程師？我是說，在這種彈丸小國，誰能想到……」

「親愛的，你的偏見又開始作怪了。你其實是想說『你們這個第三世界的前共黨國家怎麼會有這麼強的技術實力』吧？」

「就算是吧。」

「在共產黨的世界，有好有壞。它做得不好的地方是讓中央計畫式的經濟能夠運作，讓商品和勞務能夠配置在最需要的地方。它做得好的地方是教育。」

他只在書上讀到過這些。「我最近在一本書上看到類似的觀點，而且我認為資料相當可靠。」

---

❶ 編按：由美國國防部出資成立的軟體工程中心（SEI）所發展出來的軟體能力成熟度模型（Capability Maturity Model; CMM），將軟體工程的成熟度分成五個等級。

「是的，那是梭羅（Lester Thurow）的新書，我們發現你的床頭就擺著這本書。」

「那麼，我手下所有的人都能用英語讀寫嗎？」

「都可以。在這裏，英語能力非常重要。」

「也就是說，你們是想用這些訓練有素的天才來打造世界級的軟體工業。」

「是的。我們從六個關鍵性的專案開始，目標是製造出六個精心挑選的軟體產品。由我們的最高領袖——元首——親自決定這些產品。而你，你的工作就是讓這六個專案和整個機構正常運轉。」

「這只是工作的一部分。我希望妳已經準備好了足夠的錢。我是說，人員培訓和設備都需要龐大的投資。」

「韋伯斯特，無論如何我們都不希望扯你的後腿。兩年以後，當你回想這段日子時，你絕不會說有誰不努力工作，絕不會說人手不夠用，絕不會說你沒有得到足夠的支援。」

「那我們就先來談談支援的問題。」

「我會為你挑選一個經驗豐富、足智多謀的個人助理，你還會擁有由200名頂尖的開發經理組成的核心團隊、數十名關鍵領域的專家……」

「我要帶幾個我自己的人過來。我會自己選擇，然後你們必須把他們請來——注意，我不希望他們像我這樣被綁架過來，我要他們自願來這兒。」

「當然了。」她躲避著他的視線。

「別想騙我，萊克莎。」

「噢，好吧。你真是個沒趣的人。」

「另外我可能還需要一些顧問，一些世界知名的顧問。」

「一切都會如你所願。你只要列出名單，我們會把他們都請來的。」

「太對了，你們會的。」他低頭看看自己剛才寫下的紀錄，「我還要求所有人都集中在一起。千萬不要幹傻事，不要讓這些人在不同的地方工作。如果你的人分散在不同的地方，你就什麼都做不成。把他們集中起來。」

「我們已經這樣做了。我們把整個開發團隊一起搬到了弗羅澤克盆地，元首已經把這個地區改名為『矽谷』。」

他們坐在湯普金斯的套房的起居室裏。這一側的房間遠離大海，面向內陸。萊克莎站起身來，示意他走到寬敞的陽臺上。遠方有一個美麗的小山谷。「矽谷。」她邊說邊用手劃過這個山谷。在陽臺的下面有一群新建的辦公大樓，她指著它們說：「韋伯斯特，那就是愛德里沃利大學，你的新領地。從這裏步行過去只需要十分鐘。」

「非常漂亮。如果漂亮的山谷是獲得成功唯一的條件，我想摩羅維亞早在幾世紀之前就已經站在世界的頂峰了。」他又低頭看看筆記本：「噢，對了，最後我還要談談每個專案的任務，妳一定要滿足這個要求。」

她不耐煩地回答道：「好吧。」

「還要有完善的網路支援。也就是說，每個人的辦公桌上

都要有最新的電腦工作站，都必須用乙太網或更快的網路連接起來。我還要全職的網路維護人員，以及全套的集線器、路由器、T1或ISDN出口。」

萊克莎打了個呵欠：「沒問題。」

「還有什麼？」他知道，最好現在把需要的東西考慮周全。現在正是他提出要求的時候。「我還忘了什麼嗎？」

「忘了一件最重要的事。韋伯斯特，我們花了**那麼**多的心力，只為完成元首擬訂的六個專案，你對此有什麼看法？」

湯普金斯低頭看看她給他的專案列表。的確，工作的總量不會那麼龐大。他們需要完成六個專案，製造出六個中等大小的軟體產品。他還不知道這些產品具體是什麼，但是沒有哪一個專案會需要超過20個人的團隊。「我知道妳的意思了。看來我們只需要100個人就夠了。」

「正確。那麼，你想怎麼處置剩下的人呢？」

「妳問倒我了。這是我應該關心的問題嗎？讓他們度假去吧。」

「這不是你應該關心的問題，韋伯斯特，不過是你的一個機會。在你的職業生涯中，難道你從來沒想過進行一次管理的對照實驗（controlled experiment）嗎？難道你從來沒想過：如果你不止進行一個專案來完成一件工作，而是同時進行三個或四個專案……」

湯普金斯出神地望著遠方：「一個對照實驗……一個專案組承受巨大的壓力，第二個壓力少一點，第三個則幾乎沒有壓

力，三組的任務完全相同。我們可以看看哪一組先完成。是啊，我一直都希望有機會做這樣的實驗。我們還可以設置一個人員過量的專案組，另一組則人員不足，第三組的人數則是我理想中最合適的，然後來觀察……」

萊克莎接著說：「一個團隊全由資深人員組成，另一個則由一些資深人員和一些新手組成……」

他完全陶醉了：「一個團隊由一直在一起工作的人組成，另一個團隊由互不相識的人組成。天啊，萊克莎，如果完成這個實驗，我們就可以開始研究管理中的祕密了。我們可以真正理解專案成功的原因。」

「一切都在你手中。韋伯斯特，你可以盡情地享受整個摩羅維亞。」她朝著矽谷點點頭，「它就在你腳下，世界上第一個專案管理實驗室。」

4

管理者的第一天

「我為你準備了一件小禮物。」萊克莎慎重地說。

湯普金斯緊盯著她。她的臉上有一種他從未見過的表情：看起來竟然有點害羞。

「只是一件很小的禮物，真的。」她從背包裏抽出一本漂亮的精裝筆記本，低垂著雙眼把筆記本遞給他。他接過筆記本——一份可愛的小禮物。

「哦。」他意味深長地說。

封面上鑲金的字寫著：

```
個人日誌
韋伯斯特·塔特斯托爾·湯普金斯
＊經理＊
```

「哦。」他又說了一遍。他根本猜不出她是怎麼知道他的

中間名的。在他的任何一份證件上從來沒有出現過這個名字。當然了，搜索稀奇古怪的資訊，本來就是萊克莎最擅長的。

「我想，如果把在摩羅維亞得到的經驗都記下來，你會大大受益的。誰知道你會在管理實驗室的工作中學到什麼呢？我猜，一定有很多有用的東西。」

翻開封面，第一頁上是她用娟秀的筆跡寫的標題：「我學到的……」，後面是他的姓名和年份。她還在第一頁上寫下了第一條記錄：

> **優質管理的四大要素：**
> - 選擇對的人。
> - 為他們分配對的工作。
> - 讓他們保持積極。
> - 幫助團隊凝聚起來並維持團隊的凝聚力。
>   （其他一切都只是「文案」）

在這一頁的下面是當年稍早的一個日期。湯普金斯抬起頭來：「這是我們參加專案管理培訓班的日子嗎？」

萊克莎點點頭：「是的。這些就是你在那一天提出的觀點。我想，你的日誌應該從這裏開始。」

萊克莎親手為他挑選的個人助理，是一個名叫瓦爾多·蒙蒂菲奧的年輕人。他看起來睡眼惺忪，蓬亂的黃頭髮耷拉在頭

上，像個鄉下土包子。他的頭髮使他看起來很像著名的比利時卡通人物丁丁。要是再給他一條荷蘭式的寬腿褲和一隻白色小狗，簡直就跟丁丁一樣了。

他看來好像還沒睡醒，但是工作起來倒是很有效率的。「十點鐘你有個約會。」瓦爾多告訴他。

「我剛到這兒來，還沒坐下呢。你看，我都還沒找到我的辦公室。」

「那兒就是你的辦公室。」瓦爾多指著桌子後面的一扇門：「很漂亮，胡莉安女士親自為你佈置的。」他看了一下錶：「你可以晚一點再來看。恐怕你必須直接上路，不然就要遲到了。」他收起幾份文件，站起身來：「我會跟你一起去，在路上再跟你說明。」

走出大樓，瓦爾多帶他沿著一條樹木繁茂的道路，走向校園另一邊的建築工地。

「為了讓你理解，你可以提前想像一下這些專案結束的時候。如果他們真的能交付全部六個產品，如果這六個產品都能如願地成功了，如果我們像元首所宣稱，能在2000年成為全世界最大的軟體出口國，那我們就需要具備相當強大的生產能力，才能製造出足夠的軟體拷貝。」

「沒錯。那又怎樣？」

「所以，某些專案可以晚些時候再開工，但是一些關鍵性的專案必須立刻開工，不然就來不及了。」他從那堆文件中抽出一份手繪的網路圖，看起來好像是一張PERT圖。「我們將

需要一個生產CD-ROM的壓片工廠。緊跟在工廠後面，是包裝、壓縮、插入使用手冊、運到碼頭、再運往世界各地。你可以看看。」他指向標著「CD-ROM工廠完工」的方框，「工廠的進度正好在『關鍵路徑』❶上。」

「那是一個建築工程。」

「對。」

「我為什麼要了解這些呢？我是個軟體經理。」

「沒錯。唔，你還是整個工程的老闆。」

「我？呃，我是說，我猜我是。」

「就是你。你就是『國家書局桂花出』的老闆。」

「哦……你大概是想說『國家資料』……」

「……『規畫處』。不管怎樣，這個部門大半的工作都與軟體有關。但還有一些其他的小問題，就是這個CD-ROM工廠。我擔心這個工程已經很落後了，而且這個擔子完全落到了我們的肩上……我是說，落到了你的肩上。」

「我很遺憾聽見這個。」

「建築經理莫波卡先生是個活力充沛的人。他不得不這樣，因為他的命令是他❷親自給的。」

「你說的那個『他』是誰？」

---

❶ 編按：critical path，又稱「要徑」，就是在專案的多條路徑中需時最久，也就是可以決定專案何時能完成的那條路徑。

❷ 譯註：原文用首字大寫的himself表示對元首的特稱。但是漢語中沒有反身代詞，所以用黑體字的「他」表示這個詞，讀的時候重讀。

「元首，國家的領袖。元首是個非常有說服力的人。即使當他承認失敗時，也是很生動的。」

「我明白了。莫波卡就是被嚇壞了吧？」

「呵呵。不管怎麼說，莫波卡先生已經盡了全力。但是工程進度還是落後了。」

湯普金斯悶悶不樂地點點頭：「好吧，我想我們總會看見該看見的東西。」

「我們的運氣實在太糟糕了。」莫波卡先生兩隻手絞在一起，「誰能預見到這種情況呢？在其他地方，我們遇到的都只有舒適的白色沙灘，誰知道剛好在這裏有花崗岩礁石呢？真是倒楣透頂。」

「所以你打算用爆破的辦法？」

「還能怎麼辦？但是這也需要好幾個星期的時間。」

「幾個星期？」

這個可憐人迴避湯普金斯的目光：「很多很多個星期，但是我也不知道究竟需要多長時間。」

「告訴我最好的估測。」

「大概需要……」他飛快地觀察一下湯普金斯的表情，「……需要10個星期。是的，10個星期。」

「10個星期。」湯普金斯先生重複了一遍。在這種緊要關頭，如果得到的答案是6個星期、11個星期或者15個星期，他又能怎樣呢？另外，他還很想知道真正的答案究竟是什麼。直

覺告訴他，如果想得到真實的情況，他最好現在就開始和莫波卡溝通。「你說需要10個星期，莫波卡先生。不過我猜你至少需要……20個星期。」他說道。

莫波卡都快要衝過來親他了：「沒錯！甚至……」

「30個星期？」

「唔……可能也用不了30個星期，25週吧。」

湯普金斯先生換了一個方向：「你看，莫波卡先生，我們能不能將工廠的選址向西移，移到能避開花崗岩的地方？」

「我們不能那麼做！」莫波卡近乎呻吟地說道，「我們不能。」

「為什麼不能？那邊也有花崗岩嗎？」

「不，當然沒有。但是你知道，這張設計圖是元首親自給我的，圖上要求工廠正好就建在這個地方。不是其他地方，而是這裏。我不能修改這張圖。」

「你不能？」

「我當然不能。如果我修改了設計圖，我們會延誤工期，進度會落後。而且這將全是我的過錯，因為是我決定移動工廠位置的，難道你還不明白嗎？但是如果像現在這樣，即使我們不能按時完工，那也不會是我的錯。我希望你能明白這一點，這很重要。而且你想想，如果有人不喜歡工廠的新位置呢？誰來負這個責？還是我！」他看上去非常痛苦。

「噢，聽著，在我們討論廠址問題的時候，我注意到建築物的後面就是碼頭，這兒的地比較鬆軟潮濕。也就是說，卡車

必須要在這些潮濕的低地裏來回穿行。一到雨季，這些地方肯定會泥濘不堪。摩羅維亞有雨季嗎？」

「有，在春天。但是我們又能怎麼辦呢？」

「是這樣，我想我們應該把工廠向西挪動大約30英呎，這樣工廠的地基就避開了花崗岩礁石。然後，我們可以把整個工廠的平面設計圖翻轉過來，形成一個與現在的計畫成鏡面對稱的新計畫。這樣，碼頭就應該在這一端，恰好在礁石的上方。碼頭是不需要什麼地基的，我們可以把它直接固定在花崗岩上。你覺得如何？」

莫波卡目瞪口呆：「你是說讓工廠朝向另一個方向？你不能這麼做！」

「不能？為什麼？」

「這跟設計圖上的要求不符，設計圖上⋯⋯」

「是的，我們就是要重新畫設計圖。相信我，我會把它畫好的。在我給你新的設計圖之前，你就按照這張圖的鏡像來施工吧。」

「但是進度⋯⋯」

「那是我的問題，朋友。你別擔心進度，現在你只為我工作。替我蓋一座漂亮的工廠。讓你的人開始工作，讓他們安心，保持工作效率。如果你做了這些，不管工程什麼時候結束，我們都會認為你的努力是成功的。」

湯普金斯先生憤怒地衝回辦公室，瓦爾多驚愕地盯著他。

他在瓦爾多的桌前停下來，紅著臉。

「那個元首到底對莫波卡說了些什麼？這個可憐的傢伙被嚇壞了。你告訴我**他**很有『說服力』，他到底對莫波卡說了什麼……如果工廠不能按時完工，莫波卡會被發配到鹽礦坑去嗎？」

瓦爾多困難地開口說：「恐怕比那還要慘。唉，不管怎麼說，他不會有好下場。」

「好吧，我可不習慣這種『負面思考』。我想，以我的名義給元首寫一封信，告訴他所有的『績效懲罰』——就像老是在莫波卡心裏掙扎的那個懲罰——從今以後不管用了，我將全權負責所有為我工作的人的激勵和支援，表揚和批評。他要麼接受我的條件，要麼就讓我走人。告訴他我會在明天去見他……」瓦爾多飛快地在便條紙上記錄著，「……他可以當面告訴我：是同意所有的條件，還是想如何處置我。他愛怎樣就怎樣！」

五分鐘以後，瓦爾多把列印得很工整的信拿進來讓他簽名，然後用傳真發送出去。

好了，在這一天中，他幹了不少好事。他把一兩個不可能完成的工程攬到了自己身上，啟動了一些真正大型的系統開發計畫。他覺得自己在這個領域裏面也算是成就卓著了，以後在他死去的時候，應該會有一小段文字發表在《IEEE軟體》（*IEEE Software*）或《電腦歷史年報》（*Annals of the History of*

Computing）上。不管登在哪裏吧，他一想到「不會有好下場」這樣的話，就覺得鬱悶不已。

他開始回想自己的一生，好像真的就要突然死掉一樣。情緒有點低落。但是更重要的是，他還在生氣。記憶中，過去曾經遇到的那些愚蠢的、破壞性的「績效懲罰」全都湧現出來。某些管理者的這種「不打不成器」的思想到底是從哪裏來的？是不是因為他們有暴躁的父母，所以他們才成了暴躁的經理？很有可能。

萊克莎給他的筆記本就在桌上。他打開筆記本，翻開第一頁，開始寫日記。湯普金斯寫道：

安全感和變化

- 除非感到安全，否則人們不可能去迎接變化。
- 在所有成功的專案中（以及在絕大多數其他有價值的工作中），變化都是基本的要素之一。
- 缺乏安全感會讓人們反對變化。
- 逃避風險是致命的錯誤，因為這會讓你也得不到與風險同在的利益。
- 人們可能會因為來自客觀世界的直接威脅而覺得沒有安全感，但是如果發現管理者可能濫用權力來懲罰自己，他們一樣會覺得沒有安全感。

5

元首

　　早班列車把湯普金斯從瓦斯喬普帶往首都科撒奇。這輛小火車沿著海岸線向北直到洛夫拉吉，然後在那裏轉向內陸。在他的膝蓋上放著一本1907年倫敦出版的小冊子，叫做《摩羅維亞旅遊導覽》（*Morovia for Travelers*），那是瓦爾多特地找來給他的。自從來到摩羅維亞之後，這是他第一次有機會了解這個國家。

　　讀了幾章，他就把書放到一邊，專心欣賞窗外的美景。如畫的小漁村點綴在碧綠的海灘上，大片的葡萄園間夾著油綠的麥田。少了汽車的喧囂，村莊仍然顯得生機盎然。當他經過書中提到的一個地方時，覺得那裏與1907年時一樣美麗。

　　他感覺非常平靜。摩羅維亞需要他，事實就是這樣。他向元首提出的要求並不是不合理的。作為一個剛上任的新經理，他想，給人留下深刻印象也不是一件壞事。現在，他應該享受即將到來的快樂的首都之旅。最後，他認為：如果萊克莎覺得

他可能「沒有好下場」，她一定不會讓他去見元首的。可是，當她看到他給元首的信時，她只是聳聳肩而已。

侍者把餐車推到湯普金斯前面，漿洗過的白桌布上擺著豐盛的早餐。他吃完早餐，又打了個盹。

如果湯普金斯對元首是否會見他還有懷疑的話，當他在這座宮殿前報出自己名字的那一刻，這種懷疑就煙消雲散了。衛兵們整齊地跺了一下腳、脫帽、恭敬地一鞠躬：「湯普金斯先生！令人尊敬的湯普金斯先生。噢，請往這邊走。湯普金斯先生。」他們帶他穿過一個巨大的接待廳，大廳的石牆上懸掛著寬幅的織錦；然後他們又走上雕花大理石的樓梯，那樓梯至少有20英呎寬。

一位穿著天藍色套裝的年輕女士在樓梯的頂端迎接他：「湯普金斯先生，歡迎您。我是萊恩小姐。」

每個人都能講一口流利的英語，尤其是這位萊恩小姐。他感覺她像是一個美國人：「我想知道妳是否來自……」

「上帝知道。」她打斷了他的話，「請往這邊走，他正在等您。」她帶他走過一個陽臺，陽臺下面是一個美麗的花園，然後又穿過一扇大門，進入一間大廳。大廳後面的拱門通向一間大辦公室，萊恩小姐讓他獨自進去。辦公室裏滿是絢麗多彩的植物，地上鋪著東方的地毯，沙發上為客人準備了厚墊子。房間裏沒有燈，所有的光線都來自三個面向花園的大窗子。一開始，他以為房間裏只有他一個人。接著他看見在房間的深

處，在大辦公桌旁的小書桌後面有一張臉，映著電腦螢幕的螢光。輕輕的，傳來敲打鍵盤的聲音。

湯普金斯走上前去，「嗯……」他試探性地說道。

「噢。」這個人停了下來。

「我……」

「唔……」

湯普金斯努力睜大眼睛。又過了一會兒，轉過來看著他的是一張熟悉的臉。這人相當年輕，大概30或35歲，他猜。一張圓圓的娃娃臉，厚厚的近視眼鏡讓他看起來稍顯嚴肅，一頭黃棕色的頭髮。

「那麼，你應該就是……」

這個人揮了一下手：「現在別忙著下結論。我不認識你，你也不認識我。」

「沒錯。但是……」

「所以，我們應該先彼此認識一下。我想那就是我們這次會談的目的，不是嗎，湯普金斯？」

「是的。」

兩人禮貌地握握手。

「那麼，你是……」

「對，我就是。」

「國家元首？**他**？」

湯普金斯發現不知道該如何稱呼這個人。他真應該問問瓦爾多。「唔，我不知道該怎麼……你希望我怎麼稱呼你？」

元首考慮了一下：「稱呼『先生』吧，我想。對，我喜歡這樣。就叫我『先生』。」

「哦，好的。」湯普金斯換上了一副最嚴肅的表情，「聽著，我寫了一封信給你。」

「喔，是的。」他又輕蔑地擺擺手。

「那麼你能滿足我的條件嗎？如果不行，我們就不用再談了。我的條件就是這樣。」

「我們不必在這些小事情上爭論。」

「小事情？我可不認為這些是小事情。那麼，你同意我的條件嗎？我必須知道。」

一聲歎息。「沒問題。你還想要什麼？」

「我就想要這些。」

「沒問題。嗯……」元首似乎有點失神。他懊悔地回頭看著螢幕，好像是想找回剛才做的事情。現在湯普金斯可以看到螢幕了，似乎是一頁程式碼。C++，他想。

一個聲音從房間的後面傳過來，萊恩小姐端來一盤飲料和點心。元首稍微愉快了些。「噢，好。」他說道，然後拿起一塊奶油蛋糕，塞進嘴裏。

「我的天，那是『Twinkie』蛋糕嗎？」湯普金斯忍不住問了一句。

「沒錯。」元首一邊嚼著滿嘴的蛋糕和奶油，一邊含糊回答。他又喝了一口可口可樂。湯普金斯伸手越過「士力架」巧克力棒和飲料，抓了幾顆花生。

當他們都吃完以後，就是一段長長的沉默，讓人很不舒服。最後，元首開口說道：「住得還習慣嗎？」

「噢，還好。」

「需要的東西都有了嗎？」

「嗯哼。」

「如果需要什麼，只管開口。」

「我會的。」

又一陣沉默。湯普金斯已經達到了此行的目的，他覺得應該告辭了。不過這時離開不太對，他應該表現出對這人的興趣。「我猜你對這個還是有些不太習慣吧？要當一個領袖……呃，你在這兒扮演的角色。」

「領袖。以前我總是想：當個領袖一定是件很爽的事。現在我真的成了一個領袖。是的，時間還不長，其實我也是剛剛才住進來。我想我會喜歡這個角色的。」

湯普金斯繼續問道：「如果你不介意的話，我想請問一下，你是怎麼得到這份工作的？」

元首斜倚在舒適的老闆位子上：「我用買的，一筆交易。你知道，一些現金、股票、支票，就是這類東西。」

「你買下了摩羅維亞？」

「對。」

「真是……太了不起了。」

「沒錯。我擁有大量的股票，美國一家大公司的股票。而且我還有點錢，實際上，錢還不少。而且，因為我一直都想

……」

「所以你就買下了整個國家？只是灑了一堆鈔票？」

「主要是股票。」元首搖著頭說，「我擁有一堆股票，但是我什麼都不能賣，因為它們沒有上市。那些令人討厭的政府機構，總是喜歡折磨我們這些辛苦創業才撈到一筆的企業家。當然他們不會放過我。比如說，我想要賣一點股票，來蓋一棟好一點的房子來住，或買些名畫，他們就會發脾氣。」他無奈地說。

「但是在這些規範企業董事持股的法律裏，存在著漏洞，」元首繼續說，「那就是，你可以拿你的股票，和其他同性質公司的股票交換；這可以不用審查。所以我和這裏之前的領導人接觸，那些將軍們，說服他們將摩羅維亞法人化。然後……」

「你跟他們換股。」湯普金斯替他回答。

「沒錯。這些將軍變得很有錢，他們搬到別的國家去——或者那些富有的老將軍們會去的任何地方。而我得到了摩羅維亞。」

「所以你擁有了這個國家，所有的土地和建築物，甚至包括人民。」湯普金斯幾乎無法相信這一切。

「呃，不包括人民。至少我不這樣認為。為了讓整件事合情合理，我們舉行了公民投票來確認我們的作為。結果獲得壓倒性的同意。當然，為了給他們一點甜頭，我們還發放股票和選擇權給所有的公民。結果大家都很滿意。」

「但你為什麼要這樣做呢？」

　　「這個，一方面是為了利潤。我的天，這比華爾街任何一筆交易都更有利可圖。看看這些自然資源，海灘、農場、山脈，想像一下它的潛在價值吧。例如在美麗的海邊蓋幾座度假村。而且這地方都還沒有開發呢。我可以告訴你，萬豪酒店集團（Marriott）和洲際酒店集團（Intercontinental）都很有興趣。迪士尼也是。」

　　湯普金斯搖著頭，一臉不相信。

　　「當然，還包括所有這些了不起的、受過良好教育的人──這些程式設計人員、分析人員和設計師，這些軟體從業人員。我沒告訴你，我以前在美國就是在軟體業。」

　　「我明白了。」

　　「我想這裏可以成為『終極軟體工廠』。」

　　「我同意你說的。」

　　「而且，作為領袖而不只是CEO來管理它，有一些特別的好處，至少我這樣認為。」

　　「比如說？」

　　「呵呵，在我其他的公司裏，當我告訴別人我的要求──比如說，這個或那個產品要在年底前完成，我總是不得不對付一些反對者。」

　　「反對者？」

　　「我身邊好像總是有反對者。」元首生氣地說，「我說『年底之前』，他們就會皺起眉頭說『噢，不，比爾，這根本不可能。噢，不，比爾，實在辦不到』。」他悲哀地搖頭。

湯普金斯盡量表示同情。

「不管我想要什麼，他們總是說『噢，不，比爾』。好吧，我想，就這一次，我希望他們不再說『噢，不，比爾』。我希望他們做夢都不敢對我說『不』。」

「所以，你認為領袖的地位會給你帶來管理上的好處？」

「正是如此。」

「然後我來了，我毀了這一切。」

「喔，其實在你來之前，事情就已經開始變調了，變得非常多。就拿莫波卡，負責建造CD-ROM工廠的那個傢伙來說吧。我把工作交給他的時候，我對他說：『你必須給我在18個月之內把工廠蓋好，不然我就要你好看。』我真的是這麼說的：『要你好看。』從前我一直都想說這種話，這次我真的這麼說了。對我說『噢，不，比爾』？我可以告訴你，他想都不敢想，連最小的一點念頭都不敢動。他的臉一下子變得慘白，回答我：『是，先生。』」

「但是後來事情就變了，你是這個意思嗎？」

「他還是進度落後！」元首抱怨道，「他趕不上進度，不管我說什麼，不管有什麼懲罰。那麼，你說我又能怎麼辦？如果我放過他，誰還會再相信我呢？我必須讓他好看。」

「我理解。」

「我甚至不知道這到底該怎麼做。我是說，誰來當劊子手？我也不知道。也許我應該自己來？該死。你懲罰某個人，就為了保持你的權威，誰會感激你所做的一切呢？沒人會感謝

你，我可以向你保證，即使這些都是非常必要的。真是糟糕。」他把頭埋在桌上，就像一個犯了錯被懲罰的學生。

湯普金斯靜靜地等待元首繼續。但是他什麼也不說了。「所以，在某種意義上，是我救了你。」湯普金斯大膽地說。

「是的。」元首的聲音從他的胳膊和桌子之間傳出來。

吃過兩塊Twinkie蛋糕，喝完一罐可樂，元首感覺稍微好了一些：「我們應該談談這些專案，湯普金斯。至少應該談談其中的一個，我對這個專案特別有好感。」

「哪個？」

「呃，現在來回想我最初擬定這些專案時的想法。我們要在2000年以前成為世界上最大的軟體出口國，那麼我們應該做些什麼？」

「構思一些產品，然後把它們做出來。」

「不。我們製造產品，但是我們不管構思。」他拍著自己的腦袋，好像有了一個偉大的想法，「不必靠我們來構思。」

「真的嗎？」湯普金斯問道。

「沒錯。別人已經都想好了。我們已經知道哪些產品最暢銷，我們只需要重新製造它們就行了。」

「不違法嗎？」

「直接抄襲程式碼當然是違法的，程式碼是受版權保護的。我們可以做一些修改，只要我們的產品和別人的有所不同就行了。」

「我了解了。」

「所以我們應該製造什麼？有史以來最成功的軟體產品是什麼？從賣出的拷貝數量來說，是哪一個？」

「我想你會告訴我的。」

「是Quicken*。」他說道。

「Quicken。」

「是的。Intuit軟體公司出品，賣出了幾百萬份拷貝。在個人電腦、麥金塔、Sun工作站、Unix伺服器上都有它在運行，每個使用電腦的人都有它的一份拷貝，世界各地人們用它來結算自己的支票簿、管理自己的小公司、進行投資。」

「呃，我不是想做反對者，不過如果每個人都已經有了一份拷貝，我們又怎麼賣我們的軟體呢？」

「當然，這也是Intuit公司面臨的問題。因為他們幾乎已經賣給每個人一份拷貝，你當然會問：他們將來的營收從哪裏來？很明顯，來自其他地方，不然他們的股票市值也不會比盈餘高出那麼多倍。」

「那麼，將來的營收從哪兒來？」

「新版本。」

「我們要讓我們的Quicken直接與他們的升級版本競爭？別人為什麼要從我們這裏買呢？」

「價格競爭。」

「我們要怎麼跟一個只賣29.95美元的產品拼價格呢？」

---

* Quicken是Intuit公司的註冊商標。

「我們會免費發放我們的產品！」

「什麼？那我們怎麼賺錢呢？」

元首的臉上浮現出神祕而得意的表情：「你只管給我把產品做出來，我會拿它賺到錢，成噸的錢，這就是我的承諾。」

在沿著海岸返回瓦斯喬普的火車上，湯普金斯從包包裏拿出日誌。當他有機會的時候，當他學到一些東西的時候，他得在上面記下來。但是今天他到底學到了什麼？他很想寫這樣一個條目：「怎樣透過免費發放產品而賺錢」，但是對其中的奧妙，他還沒有弄清楚。奇怪的是，他毫不懷疑元首能夠實現這一切。那個人看起來有一整套做生意的訣竅。也許還可以學到另外一些東西，從莫波卡的事，從元首為了讓建廠計畫按進度完成而對他的威脅。想了一會兒，他打開日誌，寫了下面一段話：

負面效應

- 威脅不是提高績效最好的方法。
- 如果分配的時間一開始就不夠，不管威脅有多麼嚇人，工作也無法按時完成。
- 更糟糕的是，如果目標沒有實現，你就必須兌現你的威脅。

6

全世界最偉大的專案經理

在決定是否接受這份工作的過程中，湯普金斯考慮的問題只有一個：這份工作值不值得做。他曾經問過自己：基本的條件是否成熟？他的頂頭上司是否值得信任？承擔這一切是否具有挑戰性？一切的努力是否能得到足夠的回報？但是，既然他已經決定要留下來，另一個問題便開始困擾他：他能不能勝任？

事實是：他從來沒有管理過這麼多的人。他曾經管理過的一個專案有250人，其中大約有35個中階經理。但是這次是1,500人！要向他彙報工作的管理人員，數目幾乎相當於他以前管理過的最大專案中的全部人數。而且他們還都是未知數。就像瓦爾多一直提醒他的，他需要立刻去安排職位、分配專案。元首已經安排了六個專案，這將奠定摩羅維亞在軟體世界中強大的新形象。六個專案，這並不算太壞，但是湯普金斯還是希望按照萊克莎的建議，讓多個團隊在不同的條件下做同樣

的工作——這是他們的專案管理實驗室。

　　假如在每個任務上面安排三個競爭團隊，那就代表他必須組成18支專案團隊，挑選18名經理。瓦爾多早已要求200名在職軟體經理每人寫一份簡歷，現在這200份簡歷就堆在湯普金斯的桌上。湯普金斯沮喪地盯著它們，它們也彷彿在看著他。他完全不知該如何開始。

　　在承受巨大的壓力時（他早在幾年前就已經注意到了），他有一個壞習慣：腦子一片空白，想逃避，想去做一些不花腦力的事情，而不是面對自己的工作。今天不花腦力的事就是讀書，萊克莎從他臥室的書堆裏找出來一本書，放在辦公室的書架上，書名叫《結構控制管理》（*Structural Cybernetic Management*）。他一直都想看這本書，但是以前他忙於管理，實在沒有時間學習書中的理論。現在他決定花點時間，至少在面對這一大堆簡歷之前抽出幾個小時。他把腳蹺在桌子上，看起書來。

　　這本書真是切中要害。他決定每讀完一章，都要停下來，在日記本上記下自己學到的東西。一章又一章，他的腦中卻是一片空白，沒有什麼可寫的。「也許所有好內容都在結尾處。」讀完第10章後，他自語道，又硬著頭皮開始讀第11章。

　　瓦爾多帶著一杯濃濃的咖啡進來。他奇怪地看著湯普金斯先生。「老闆很鬱悶。」他也觀察到了。

　　「面對眼前的任務，先給自己打打氣。」湯普金斯告訴他，衝著那一大堆簡歷點點頭。

「有點沮喪，是嗎？」瓦爾多同情地說。

「是啊。不過我沒問題的。就當我是在開始工作之前花點時間激勵自己吧。我在學習『結構控制管理』，毫無疑問，在這麼多經理的挑選工作中，這是一件無價之寶，它告訴我應該選擇什麼人、將他安排到哪裏。」

「厲害。」

「的確很厲害。」

「老闆，如果你不介意的話，在以前的位置上你是怎麼做人事決策的？我是說，在學習結構控制管理方法之前？」湯普金斯合上書，坐直身子：「完全不一樣。我從不單獨做出任何決策。我有一群可信賴的同僚和下屬，都是我認識多年的人。我們會坐在一起，熱烈討論各種可能性。」

「我明白了。」

「我已經可以好好控制『坐在一起』這部分了……」

「哦，原來是『熱烈討論』的部分做得不好。沒有人可以討論。」瓦爾多觀察到了。

湯普金斯歎了一口氣：「完全正確。」總而言之，他還是獨自一個人。萊克莎曾經說過，他可以帶一些自己的人來，也可以找一些顧問。但是在真正合適的人選出現之前，需要長時間的溝通和協調。沒人會立刻接受一份遠在摩羅維亞的新工作（他開始明白為什麼萊克莎選擇了綁架）。的確，在很長一段時間裏，也許好幾個月，不會有任何熟面孔出現在這裏。在這幾個月裏，他不得不獨自做出所有的關鍵決策，這些決策將對專

案產生無法挽回的影響。

「也許，有一個人可以……」瓦爾多建議道。

「做什麼？」

「我是說，有一個人可以立刻成為你的『同僚』，他在美國的公司裏長期管理類似這樣的大型專案。他姓賓達。」

「噢，對，元首提到過他。他是原先預定要做我這個工作的傢伙，是嗎？」

「是的。萊克莎帶他來的，用一般的方法……」

「但是他堅決拒絕了？」

「差不多吧。」

「然後呢？他回去了嗎？」

「沒有。因為某種原因，他到處閒逛。這非常奇怪，我們都再沒再見過他。他來了之後，住進他的套房──就在你隔壁──然後就走了。他偶爾回來一下，拿些書或者放些東西。他從來不在這兒過夜。我甚至不知道他長什麼樣子。」

「你認為他可能會願意做一個兼職的顧問。」

「問問也無妨。」瓦爾多似乎有些不自然。他在背後藏了什麼東西。

「嗯，你在背後藏了什麼？不用問，肯定是賓達的簡歷。把它給我，瓦爾多。」

「你總是比我高明，老闆。」瓦爾多交給他四頁文件。

湯普金斯大聲地朗讀介紹信：「『賓達，生於1950年。學歷：加州大學柏克萊分校優秀畢業生，曾入選賽艇校隊；哈佛

大學MBA。就業經驗：全錄公司帕洛阿圖研究中心、蘋果電腦、還在坦登公司（Tandem）待過一段時間，在惠普管理大型專案18年，在電腦科學公司（Computer Sciences）10年。』哇，看看這些專案，沒有一個失敗的。我一直想知道這些專案是誰負責的。」

「當然，我不知道他願不願意來。」

「但是正像你說的，問問無妨。該死，我想我會去的。誰知道呢？也許這傢伙會成為第二個上這條賊船的人。」現在他感覺好多了。有像賓達這樣的人在身邊，他就不會因為面前的任務而那麼沮喪。「我怎麼能找到他？」

「你最好去問萊克莎。」瓦爾多拿起湯普金斯的空杯子，轉身離開。

湯普金斯穿過走廊來到萊克莎的辦公室。由於她沒有太多的案頭工作，她的辦公室簡單得連桌子都沒有，取而代之的是窗邊一張舒適的沙發。她就在沙發上，拿著一本平裝書。

「萊克莎，我在哪裏能找到賓達？妳知道這個男人住在哪裏嗎？」

「女人。」

「什麼？」

「她是個女的，韋伯斯特。記住，是個女人。」

他茫然地盯著她：「噢，我還以為……」

「你又顯出偏見了，親愛的。女人也可以做經理嘛。」

「我一點偏見也沒有。」關於他的男性新同事賓達，他已

經想像了很多。他想像他們一起喝點啤酒，講講相差無幾的過去，然後繼續研究那一堆簡歷。但是現在，他不得不把這些想像全都扔掉，然後，重新開始想像他和……他還不知道她的名字。「她叫什麼名字？」

「貝琳達。」

他和貝琳達‧賓達。「我一點偏見也沒有。」他對萊克莎說，「瓦爾多說她選擇繼續留在摩羅維亞，至少暫時留下。妳知道在哪兒可以找到她嗎？」

萊克莎合上書，坐直身子：「我猜你已經知道她的故事了。」

「她拒絕了妳。聰明的女人。」

「不，不完全如此。她在幾年以前就已經快被搾乾了。如果你仔細看她的簡歷，就會發現從 1995 年以後是一片空白。實際上，她在某一天離開了自己的工作，然後再也沒回去。你手上這份簡歷是我自己編出來的。我從電腦科學公司拿到她早期的一份簡歷，然後從她做過的事情的紀錄中篩選了一些填上去。」

「電腦科學公司知道妳拿到了這些資訊嗎？」

「當然不知道。」萊克莎一副頑皮的表情，「總之，我就開始打聽她的下落，最後發現她住在聖荷西。」

「那兒有很多優秀的高科技公司。她可能……」

「她在街上收破爛。」

「什麼？」

「在街上收破爛，推著一輛裝滿舊貨的手推車。我記得她身上髒得要命。」

「我無法相信。妳想雇一個收破爛的來幹這份工作？」

「她是當時世界上最偉大的專案經理。她的專案從來沒有逾期過，也沒有不成功的。而且，在這一行少說也有1,000人會樂意馬上為她工作，與她並肩作戰。」

「但她是個收破爛的，夜宿街頭！」

「她仍然敏銳，她還是最優秀的專案經理。我跟她就管理大型專案談了一個小時，我從來沒見過任何人對這個主題有如此深刻的見解。無論如何，我想我應該試試看了。一小時以後，我提出了邀請。」

「妳用這份工作邀請她。」

「不，我用一塊方糖，裏面有2cc的紅中（secobarbital）和一滴LSD。這是我慣用的配方，跟我用在你身上的一樣。」

「『肚皮』。」

「是的。她把它放進嘴裏，然後說她的身體已經被一種物質麻醉了。」

「然後妳就把她帶回這兒，再告訴她關於這份工作的事情？」

「是的。她非常禮貌地說『謝謝』，說她一直想出來旅遊，到摩羅維亞旅遊又何妨？她問我這兒的天氣好不好，我告訴她天氣很好。然後她站起來，離開了。她走到港口邊的碼頭上，然後就一直待在那兒。」

「她成了一個在摩羅維亞收破爛的女人。」

萊克莎歎了一口氣：「沒錯，差不多就是這樣。」

認出她並不困難。由於知道她曾經參加過柏克萊的女子校隊，湯普金斯知道她一定是個高個子。即使坐在海邊公園的草坪上，她也顯得修長而柔韌。而且她身上有某種吸引人的東西——可以說是吸引，也可以說是瘋狂，就在她的眼睛裏。

「我覺得妳就是貝琳達・賓達。」

「這種感覺不錯。那麼你覺得你自己是誰？」

「湯普金斯。韋伯斯特・湯普金斯。」

「坐下來吧。」她低頭看了一下身旁的草坪，湯普金斯坐了下來。

貝琳達在擺弄一些瓶瓶罐罐。所有瓶子和少數罐子是有價值的（元首規定某些容器是有押金的，藉以清除街上的垃圾）。但是有些罐子上沒有押金標誌。她把有回收價值的東西裝進身邊一個裝馬鈴薯的大麻袋裏，其他的就拋進棕櫚樹下的金屬垃圾箱。湯普金斯困惑地看著這一切。垃圾箱有30多英呎遠，但是她從來沒有失手。她扔的每個罐子都準確地投進了垃圾箱。

「哇。」看她拋了幾個罐子以後，他說道，「妳真棒。」

「專心。」她答道，「你一定不要去想它，保持你的心不受約束。結果是，我摒除了一切雜念。」

「我知道保持頭腦清靜的作用。」

「清靜，或者是一片空白。」

「我給妳帶來一些東西——也許它能讓妳的思維活躍一下。一件禮物。」他遞給她那本《結構控制管理》。

她翻過幾頁，開始飛快地瀏覽，偶爾停下來看幾個單詞和一些插圖。然後她闔上書：「你真好，韋伯斯特，給我這件禮物。真好。不過，嗯……」

「難道這不像一杯清新的好茶嗎？」

「不。」貝琳達把書扔出一道長長的弧線，扔進了垃圾箱。「完全粗製濫造。」

「喂，妳就不能委婉一點嗎？」

「作為一個收破爛的，我只能這樣。你應該試一下，真的。讓自己從條條款款當中解放出來。」

「我可以想像。好吧，對於這本《結構控制管理》，我的意見大概跟妳一樣，只是我花了一些時間才了解這一點。不知道為什麼，這本書沒有講到管理究竟是什麼。我是說，它太……」

「強調大腦。裏面全是動腦的東西。管理並不完全是一門動腦筋的科學。」

「沒錯，我也這樣想。」

「如果你在管理的時候注意一下哪個器官在活動，那多半不是大腦。管理在內臟裏、在心裏、在靈魂裏。」

「是嗎？」

「是的。管理者要學會相信自己的內臟，用心來領導下

屬，並且建構起團隊和組織的靈魂。」

「相信自己的內臟……」

「在做人事決策的時候。當你考慮把某個人安排到某個關鍵的位置上，而且從書面資料上看，他或她也很優秀，但是某種東西告訴你要觀察一陣子。那種東西就是你的腸胃。然後，另一個人來了，這時你體內的一個小小的聲音對你喊道：『就是這個傢伙！』或者：『就是她！抓住她，讓她負責所有的工作，讓她自己去做。』這也是腸胃在說話。最好的管理者就是擁有最好的腸胃的管理者。作為一個管理者，你必須掌握的一項關鍵思維技巧就是：學會相信自己的腸胃。」

「喔。」湯普金斯陷入了沉思，「這就是腸胃。那麼心呢？」

「人們會回應你的心。他們不會因為你聰明或你一貫正確而追隨你，他們只會因為愛你而追隨你。我知道這聽起來有點太理想化，但這是事實。我回想那些我尊敬的管理者，他們都有著廣闊的胸襟。在某種意義上，心是管理的根本要素。會動腦的『領袖』可以帶領別人，但是別人不會追隨他。」

湯普金斯仔細咀嚼著這些話：「很明顯，這是不能公式化的。因為妳無法對自己的心做多少描述。妳的這種管理哲學讓人們無法透過學習而成為優秀的管理者。」

「也許的確不能。也許優秀的管理者是天生的。」

他搖著頭：「我無法完全肯定。也許妳的確生來就是一個優秀的管理者，但仍然有很多人是逐漸成長為管理者的。他們

一開始很笨拙，後來逐漸變得自信，最後成為優秀的管理者。難道他們不是逐漸訓練出自己廣闊的胸襟的嗎？」

「我想是的。」

「也許是這樣。那麼靈魂呢？那又是指什麼？」他問。

「這就稍微複雜一點。你必須接受這樣一個事實：專案成功的關鍵是讓人們能夠更有效地在一起學習。如果他們完全分開來工作，如果只是一些彼此不認識的人在不同的地方工作，那麼靈魂就可有可無了。管理也就簡單了，只需要協調他們的工作就可以。這就成了一個完全機械化的事情了。」

「也許在這種情況下，結構控制的方法會有用。」

「沒錯。但是現實的世界要求團隊成員之間有緊密的、溫暖的、甚至是親密的聯繫，還要求組織內部有簡單而有效的互動。」

「那麼，妳又怎麼促成這些？」

「噢，你無法**促成**這些。你只能**讓**它發生。你創造這樣一種氛圍，讓他們**可以**這樣。然後，如果你夠幸運的話，他們**就會**這樣。」

「在這整個過程中，管理者的角色是……」

「……創造一種氛圍，讓健康的互動盡可能地發生。這就是我所說的『建立團隊的靈魂』。你可以用不同的方式去做，但是你必須去做。也許你可以在團隊中形成一種對高品質工作的追求，或者向他們灌輸一種意念：這個團隊，至少在某種程度上是一群菁英，是全世界最好的。你應該讓他們認真思考**正**

直（integrity）這個詞所有的涵義，以及整個團隊所承擔的責任。無論如何，一支團隊應該有某些共同的夢想，正是這些共同的夢想讓成員結合在一起。我想，這就是團隊的靈魂。」

「聽起來很複雜。」

「也不是太複雜。你看，團隊的成員們拼命地想合為一體。人這種東西，從骨子裏就有成為團體一員的需要。可是在今天這個缺乏人情味的現代世界裏，沒有那麼多的團體讓人們參加。即使像『宿舍』這種人們每天生活其中的團體，人們也只當它是宿舍，而不是一種團體。」

「的確如此。在20世紀裏，不認識自己鄰居的人多得很。」

「團體再也不會從我們居住的城市產生了，但是對團體生活的需要仍然在我們的心裏。對於大多數人來說，參加一個團體最好的機會就是在工作中。」

湯普金斯有種虛幻的感覺。他坐在摩羅維亞的公園裏，和一個收破爛的女人，談著「靈魂」和「團隊」，肯定有什麼地方不對勁。噢，天啊。他收回思緒：「那麼，妳前面講的『建立團隊的靈魂』其實是指團體的建立。」

「對。你在團隊中培育的靈魂就好像貝殼裏的一粒沙。它是一顆種子，圍繞著它，團體才能開始形成。」

他望著港口的遠方，目光變得渙散。貝琳達走回去繼續擺弄瓶瓶罐罐。

「那麼，就這些了？」長長的安靜之後，他說道，「腸

胃、心和靈魂。這些就是管理的一切？」

「嗯，腸胃、心、靈魂……還有鼻子。」

「鼻子？」

「是啊。偉大的經理還需要有一個靈敏的鼻子，才能嗅出手下人的胡說八道。」

湯普金斯在公園裏待了大半個下午，一直跟貝琳達聊著。薄暮降臨時，他發出了邀請。

「貝琳達，我希望將妳專家級的腸胃用於工作，妳覺得怎麼樣？妳願意來跟我一起工作嗎？」

「你想讓我當你的顧問？」

「是的。」

「這會讓你開銷很大的，韋伯斯特。」

「說說妳的價碼。」

「一輛手推車。」

「就這個？一輛手推車？」

「就這個。你無法想像一個收破爛的女人沒有手推車有多難受，沒地方放東西。」

「一輛手推車。好，妳會擁有它的。成交。」

兩人鄭重地握握手。

「妳必須穿得乾淨一點。」他告訴她。他低下頭，盯著她赤裸的腳，腳踝上全是黑泥。

「你要我洗個澡，再穿上乾淨的衣服？」

「是的。」他斷然說道。

「你想要我模仿普通人？」

「是的。至少在表面上。其他的，我也不想改變妳什麼。」

「她要一輛手推車。」他告訴萊克莎。

萊克莎滴溜著眼睛。

「這很困難嗎？我們到附近的超市去買一輛就行了。」

「韋伯斯特，這裏沒有超市。」

「那我們從海外運一輛來。到倫敦去，從超市偷一輛。這是商業間諜最擅長的，不是嗎？偷東西？」

「我當然擅長這個。去超市不會有問題，我擔心的是航空公司。你能想像我把手推車當托運行李帶回國有多尷尬嗎？他們會把我當笑柄的。」

他讓萊克莎自己去解決這個問題。回到辦公室，他打開日記本，拿起筆：

管理者重要的身體部位

- 管理牽涉到心、腸胃、靈魂和鼻子。
- 因此……

  用心來領導，

  相信你的腸胃（相信你的預感），

  建立起團隊的靈魂，

  訓練一個能嗅出謊言的鼻子。

7

徵才

　　貝琳達一身光鮮亮麗的洋裝出現在湯普金斯先生的辦公室，全身上下乾淨得很。但是她仍然赤著腳，穿鞋是她唯一不肯做的改變。「鞋子？我再也不穿了。」當他問起的時候，她就這樣回答。這樣也可以接受，他想。不管怎麼說，她比他高了6英吋，儘管還光著腳。

　　「好吧。」他說，「我想我們可以開始了。」他從桌子旁拉過一把椅子給她，指指桌上的一堆簡歷：「這就是我們要看的。」

　　貝琳達沒有坐下。她拿起一份簡歷看了看，臉上浮現出厭惡的表情。「這些人離這兒有多遠？」過了一會兒，她問道，「幾小時的路？」

　　「大部分都幾分鐘就到了，我想。我猜他們都在這裏的某個地方。」

　　她高興地說：「噢，太好了。」她拿過一個垃圾筒，把所

有的簡歷都掃到裏面去。「別看這些簡歷了，我們直接去看他們。」

湯普金斯先生驚愕地盯著她，但是她已經向門口走去。

瓦爾多給了他們一張名單，上面有他們想要面試的人和找到這些人的方法。只用了幾分鐘，他們就到了第一個候選人的辦公室。這是一個英俊的小夥子，穿著運動夾克和棕色休閒褲，非常整潔。

「說說你對管理的看法。」貝琳達提議，「專案管理，這是一個怎樣的工作？」

年輕人的眼睛一亮，很明顯，他喜歡這個問題。「管理……」他說，「每當我考慮管理問題的時候，我總會想起《巴頓將軍》（*Patton*）那部電影。你們看過那部電影嗎？喬治‧史考特演巴頓，你們記得嗎？」

貝琳達和湯普金斯一起點點頭。

「我想，我就像巴頓。我是說，專案經理就像是巴頓。必須這樣。就像在電影的第一個戰爭場景，直接攻打隆美爾那樣。他就是策畫整個戰役的那個人，他指揮每一次炮擊。」

這個年輕人站了起來，在虛擬的戰場上揮著手臂：「空中支援！他這樣說，然後空中支援就來了。收到─收到─收到！轟隆！轉向側翼！這兒！那兒！左側編隊，進攻！進攻！現在撤下來，趕緊撤下來！快！現在等著，等著，等我的命令……**就是現在**！進攻，進攻，把所有的炮彈都扔給他們！右翼，切斷他們的後續部隊！是的，就是那兒，就是那兒。現在我要更

多的轟炸機，把炸彈丟到中間。好了，現在該決個勝負了，後備隊，上。後備隊從左側進攻，快。是的，就是那兒，就是那兒，敵人絕對不會想到。砰?!轟隆！把他們全幹掉！耶 !!」

湯普金斯的下巴都快掉了，他費了好大的勁才把嘴合上。他轉過頭看看貝琳達，她看上去完全無動於衷，甚至有點打瞌睡了。

「我明白了。」過了一會兒，湯普金斯說，「那麼，這就是你對管理的看法。」

「絕對如此。就像指揮一場坦克戰一樣。管理者是首腦，其他所有人都只是步兵。」

然後，走出辦公室，與貝琳達單獨在大廳裏的時候，湯普金斯留心著她的表情：「看起來他是個熱情的年輕人。但我發現他沒給妳多深的印象。」

她做了個鬼臉：「你真的看過那部電影嗎，韋伯斯特？《巴頓將軍》你看過嗎？還記得裏面的情節嗎？」

「當然了。」

「片子開始的那一幕，巴頓『指揮』戰役的那一幕，我們這位年輕朋友所說的那一幕：呵呵，巴頓在那一幕根本連一道命令都沒下過。他只是從望遠鏡裏看著整個戰役。德軍坦克分隊如他預料的穿過山谷，而他就看著那些坦克。在那裏，在第一輛坦克上，站著一位軍官，手裏拿著馬鞭。巴頓盯著他，說道：『隆美爾，我讀過你的書。』他讀過隆美爾的書，所以他很清楚隆美爾會怎麼做。然後，戰鬥開始。進攻，側翼機動，

佯裝撤退，再次進攻，空中支援，後備隊到達。巴頓只是看著，根本沒有下達一道命令。」

「那麼，那個孩子是記錯了？我自己也記不清那些細節了。」

「他記得他想記的。他想記住的就是那位將軍。在他的腦子裏，管理者就是戰役中唯一真正的智慧，其他的所有人都『只是步兵』。」

「啊……」

「那根本不是巴頓。他不是戰爭真正的智慧，智慧分布在他所有的下屬那裏。戰鬥開始的時候，巴頓的工作已經完成了。而且他也知道這一點。」

第二個面試還沒開始就結束了。他們坐在第二個人的面前，這也是個看上去很熱情的年輕人，同樣穿著很整齊。

「好吧，說說你的管理哲學。」從貝琳達那裏得到了提示，湯普金斯也這樣開頭。

「嗯……」年輕人開口了。

貝琳達轉身看著湯普金斯。「用他。」她說道。

「什麼?!」

「就是他。」

「等會兒，我還沒記下他的名字呢。」

「卡塔克，艾勒姆·卡塔克。」年輕人告訴他，「我真的得到這份工作了？」

「呃，我想是這樣。」湯普金斯說。

「毫無疑問。」貝琳達說道。

湯普金斯盡責地將年輕人的名字記在活頁本上。唉，有一個了，只要再找17個就夠了。

走出辦公室，在走廊上，湯普金斯轉頭問：「貝琳達，這到底是怎麼回事？」

「哦，在辦公室裏面，我跟他的幾個員工談過。當我跟他們談到艾勒姆時，他們的眼睛都閃現愉快的光芒。而且，你注意到辦公室的陳設了嗎？」

「唔……」

「那根本不是辦公室。裏面的陳設就像是作戰室、指揮中心，所有的工作圖表都貼在牆上。」

「我的確注意到牆上全貼著圖表。」

「設計、介面樣板（interface templates）、進度、里程碑……都漂亮極了。而且沒有私人辦公桌，只有一張大會議桌和很多椅子。很明顯他們全都參與作戰室的運作。」

「那麼，這就是我們要找的？沒有桌子的經理？把辦公室變成作戰室的經理？」

「我們要找的是優秀的經理，他會有足夠的警覺，他會改變身邊的環境，讓環境與他和他的員工要實現的目標更加協調。」

在第一天裏，他們就做完了差不多30場面試。面試的結果

有兩種。第一種，貝琳達露出彬彬有禮的微笑坐在一邊看，帶著一點睡意等著候選人結束，然後他們就讓這個候選人出局。第二種，貝琳達會打斷候選人的話，要湯普金斯馬上聘請他或她。湯普金斯一直都不清楚貝琳達選人的標準究竟是什麼，但是她挑的人都讓他感覺很不錯。很明顯，她完全相信自己的直覺。有時候，在貝琳達的認同下，他也會做出決定。每當離開他們的新員工的辦公室之前，貝琳達總會請那個人提供一些建議，例如他認為其他經理中誰是最好的。

　　到最後一個面試的時候，他們已經疲憊不堪了。他們來到一個叫莫莉‧馬克莫娜的女人的辦公室。貝琳達請她描述一下她正在進行的專案——為摩羅維亞港務局做一些報表生成器。莫莉很熱情地開始說明，卻被一陣敲門聲給打斷了。

　　「請原諒。」她說道，「我猜是我的員工。」

　　門口的人顯得心煩意亂。「莫莉，」他說，「外面有個傢伙需要懺悔。他真的需要，現在。」

　　「噢，好。」她說道，「讓我拿一下圍巾。」她轉身走到衣櫥邊，彎下腰去，背對著門口。韋伯斯特和貝琳達按捺不住好奇，走出辦公室。在走廊上，他們看見那個人的背影，他走進一間雕飾精美、有兩扇門的木頭小隔間，並拉上了身後的門簾。過了一會，門上的綠燈變成了紅燈。

　　莫莉從他們身後走過來，脖子上戴著繡花真絲圍巾。「用不了兩分鐘。」她對他們說。

　　她走進了另一扇門，把門緊緊地關上。他們聽見，在那個

小小的空間裏，隔開兩人的滑板被拉開了。過了一會兒，從隔間裏傳出了竊竊私語聲。

一陣沉寂之後，又聽到滑板關閉的聲音。門上的燈又從紅色變成綠色，那個人走了出來，快步穿過走廊，消失在轉角處。又過了一會兒，莫莉也出來了。她取下圍巾，領著貝琳達和韋伯斯特回到辦公室。

莫莉關上門：「你們一定想知道這到底怎麼回事。」

「的確，我們想知道。」湯普金斯回答。

「是這樣，他告訴我，他的測試工作將需要比預期更長的時間。實際上，他會至少超過里程碑兩個星期，甚至可能是四個星期。」她走到白板旁邊，在其中一個里程碑的周圍畫了一個紅圈。然後，她畫出可能的四個星期寬的一個區域，以顯示修改後的里程碑的位置。

她又轉向他們，發現他們有點茫然，於是說道：「有時候，員工很難面對面看著老闆，告訴他『我的工作要逾期了』。有時，如果只是逾期還好辦。但是問題是，常常老闆發現的時候已經太晚了，員工本來應該在幾個星期前就告訴她的。這時再做什麼也於事無補。總之，我們設計出了這種半匿名的互動體制。當然，我一直都知道來懺悔的是誰，不過我假裝不知道。而且他們也知道我知道，但是他們也假裝不知道。這樣，壞消息就更容易傳達到我這裏。」

貝琳達站了起來，看著湯普金斯先生。「你還想了解莫莉‧馬克莫娜別的什麼嗎？」她問他。

「沒有了。我看這樣就夠了。歡迎來到我們的團隊，莫莉。我們會給妳一份特別的任命。」

「還有一件事。」貝琳達轉身對莫莉說，「妳把你們的懺悔叫做『半匿名』體制。真正的匿名互動對妳會有幫助嗎？比如說，我們開設一個匿名的電子郵件帳號，所有的人都知道這個帳號的密碼，這樣任何一個人都可以完全匿名地發送消息給妳。」

莫莉點著頭：「我們曾經想過，結果被網管否決了。他們被這個主意嚇壞了。我猜他們擔心這個帳號被用來發送惡意中傷的消息，或者類似的東西。總之，他們大聲而清楚地說『不行』。」

「我會去說服他們的。」貝琳達回答她，「如果有必要的話，拿著大錘也要說服他們。明天你們就會擁有這樣一個帳號。這個帳號可以叫『ANON』❶，密碼嘛……呃，就用『MOLLY』❷怎麼樣？明天就可以完成，妳可以告訴妳的手下。」

「這個帳號不會被用來發送惡意資訊嗎？」在回辦公室的路上，湯普金斯問貝琳達，「我是說，這也可能是個問題。」

「哦，我不那麼想。如果有人想發送那種資訊，有很多其他的途徑。在絕大多數組織中，缺少的正是一個乾淨的、隱蔽

---

❶ 譯註：ANON是「Anonymous」（匿名）的縮寫。
❷ 譯註：MOLLY是莫莉・馬克莫娜的名。

的、可以向老闆傳遞真正資訊的途徑。所以，每個人都想說、每個好老闆都想聽的那些壞消息，總是要到遲得不能再遲的時候才會到達老闆那裏。我打賭，ANON這個帳號一般不會有人用。但是，一旦有人用它，它的價值就是無法衡量的。」

回到自己的辦公室以後，貝琳達叫瓦爾多調查一下他們所選擇的經理過去曾經領導過的專案。她最想知道的是他們每個人曾經管理過的最大的團隊。沒花多少時間，瓦爾多就把列表放在他們的面前。

「好，舉個例子，我們先來看看莫莉。在她的管理經驗中，她領導過四個專案：3個人的、5個人的、5個人的、還有6個人的。」

他們一起走到佈告欄旁邊，那裏有他們先前貼的第一批六個專案（18個團隊）的概況表。湯普金斯接著說：「那麼，她最合適到PMill，網頁設計器專案。我們會給她一個8～10人的開發團隊。」

「嗯。」貝琳達說，「我覺得她更適合這個。」她指著QuickerStill的概況表，那是要和Quicken競爭的專案。它是六個專案中最小的，在「最大人數」的方框裏寫著「6」。她用粗鈍的手指敲敲那個數字。

「6個人？但是她已經做過了。她會想要更多、更有挑戰性的任務來幫助她成長。」

「她會的，她當然會的。但是我們會請她幫我們一個忙，

到下一個專案中去成長。這一次，我們會請她把以前為別人做成功過的事情為我們再做一遍。對每個專案，我們都會這樣做，要求人們稍微延後『有挑戰性的目標』，再一次重複他們知道能夠成功的東西。這是技巧，韋伯斯特，從來沒有讓我失望過的技巧。」

貝琳達回到她在海濱公園的地盤去過夜了。湯普金斯坐在辦公室他的讀書角落裏，在墊子厚厚的、蓋著印花棉布的椅子上，那是萊克莎為他選的。多麼美妙的一天啊！30次面試，他們至少遇到了5個讓他們都感到滿意的經理。這個進度超過了他最大膽的期望。

看著這些紀錄，他知道在自己的徵才經驗裏，沒有比聘用這5位經理更滿意的了。如果他們現在可以找齊整個管理團隊，而且其他的人都像這5個人一樣可靠，那麼他們就擁有一個必勝的組合了。

當他起身的時候，外面已經漆黑一片。他準備去洗澡，然後吃晚飯。但是在出門前，他還是很盡忠職守地在桌前再坐幾分鐘，寫下這一天中的心得。絕大部分想寫的都是招聘過程中的事，但是還有貝琳達把巴頓作為一個管理者的精彩觀點……

用指揮戰爭來比喻管理

- 在戰爭開始的時候，管理者真正的工作已經完成了。

面試和徵才

- 徵才牽涉到所有與管理有關的身體部位：心、靈魂、鼻子和腸胃（但主要是腸胃）。
- 不要獨自進行——兩副腸胃遠比一副腸胃要好兩倍以上。
- 對於新的雇員，交給他們的專案最好難度不超過他們曾成功過的專案；把有挑戰性的目標延到下一次。
- 尋求建議：你最想用的那個人可能還知道其他很好的人選。
- 多聽，少說。

最後一點是這一整天中，他從貝琳達身上學到的。他自己有一種壞習慣，喜歡針對自己建立的新組織、當前的專案、面臨的挑戰等大肆評論。他很難保持安靜。如果候選人不說話，湯普金斯就覺得自己必須打破沉默。但是貝琳達就不。當他盡力克制自己，讓貝琳達去負責面試時，她總是任由大家保持長時間的、令人不安的沉默。在這段時間裏，她只是靜靜地坐著，看著面試文件。最後，候選人必定會主動打破沉默，開始說點什麼。在這種時候，他說的幾乎總是面試裏最重要的部分。

現在，他又回頭來看看日記中寫下的內容。他發現不光最後一條來自貝琳達，幾乎一整天的收穫都來自她。他自己為這

整個過程貢獻了什麼嗎？噢，他當然有貢獻。在貝琳達來之前的那個晚上，他還是完成了自己的心願，讀完了所有的簡歷。然後，他就把這些簡歷隨便堆在一起，把最感興趣的人選放在上面。瓦爾多替他們開出的名單——有候選人姓名和地址的名單——就是從這一堆簡歷來的，順序也一樣。所以，他和貝琳達用一整天面談的經理都是他已經審查過的，是覺得成功機會最大的。

他又彎下腰來，在日記上「面試和徵才」下面加上了最後一條：

- 如果先把材料整理好，那麼所有的事情都會進行得更好。

8

風險管理與生產力

　　萊克莎的眼睛裏流露出一種惡作劇的表情。即使在沒有露出這種表情的時候，她也經常搞一些惡作劇，所以湯普金斯先生預感到：自己有麻煩了。

　　「我需要你批准我剛剛做了的事情，韋伯斯特。我剛剛做了一件非比尋常的事。」

　　「噢，親愛的，既然妳都已經做了，我不懂為什麼妳還需要我的批准。」

　　「我就是要，管它為什麼？現在我就是需要你的批准，拜託，批准吧。」

　　他堅決地搖搖頭，做了最壞的打算：「呵呵，我不會鬆口的。告訴我，妳做了什麼事？」

　　「我當然會告訴你。但是你必須先批准，我再告訴你。」

　　「萊克莎！我不能批准。妳這是在向我要空白支票呢。」

　　她撅起了嘴：「就一張小小的空白支票嘛，只要你批准就

行。難道你真的要拒絕我？拜託，韋伯斯特。」

　　他盯著她。一個能把活人氣死的女人。她什麼都不說，耐心地等著他的批准。湯普金斯長歎一口氣：「好吧，我批准了。現在，妳到底幹了什麼？」

　　她露齒一笑：「嗯，我們都知道，對於建立專案管理實驗室這個事情，我們都不知道應該怎麼開始。我們會分幾組同時進行一個專案，每一組都要開發出完全相同的軟體產品。我們會改變一個或幾個因素，然後去觀察結果，希望能從中了解這些因素對專案有怎樣的影響。」

　　「對。」

　　「唯一的問題是：這些因素是什麼？我們應該改變什麼？什麼因素具有決定性的影響？我們應該怎樣下結論？對於同樣的工作，如果兩個人做比四個人快，那又證明什麼？這兩個人總是能比四個人更快嗎？如果一個團隊走得比較快，但是也產生了更多的錯誤，這又意味著什麼？我們如何比較他們的績效？」

　　他點點頭：「我也考慮過同樣的問題。我們有無數類似這樣的問題。現在，我們有一個千載難逢的好機會，可以為專案管理這門學問設立一些對照的實驗。但是這不像看起來那麼簡單。」

　　「的確不簡單。所以，我們有一個非比尋常的、極其特別的需要。我們需要知道怎樣去做一些以前幾乎沒人做過的事。我們應該怎麼做？」她假裝在思考答案。然後，好像有什麼新

發現一樣，她的眉頭一下子舒展開來：「這聽起來很像是一個顧問的工作。」

「我同意。但是，誰？難道有什麼人曾經建立過專案管理實驗室嗎？」

「呵呵，有啊。現在就有這樣一個人：赫克特・尼佐利博士。」

「噢，是啊。」湯普金斯當然知道這個名字，那是這個領域中最受尊敬的人之一。「唔，妳說得很對。他曾經做過幾個非常厲害的對照實驗來證明一些東西，比如某種檢驗技術的有效性之類的。我記得我曾經看過關於那個實驗的資料。他曾為美國一些政府機構負責類似軟體工程實驗室的東西，做了一整套的對照實驗。」

「就是這個人。」

「妳又比我快了一步，萊克莎。我明白妳的意思了，他會是我們最有用的顧問。既然我們已經開始討論一組實驗——我們的專案管理實驗室——的運作，我早就應該讓妳去聯繫尼佐利博士的。我想知道，我們什麼時候能請他到這兒來？」

「明天下午。」

「什麼?!」

「明天下午。他會在新德里搭三點鐘的班機，然後我們到機場去接他。」

湯普金斯馬上產生了懷疑：「等一等，等一等，為什麼他明天下午會跑到摩羅維亞來？妳不會對他也用了那套鬼把戲

吧？紅中和LSD？妳不會綁架了那個可憐的人吧？」

一個受了傷害的表情：「韋伯斯特，我會幹那種事嗎？當然不會。不，他會來，因為他自己想來。」她的眼裏又出現了調皮的表情，「基本上。」

「基本上？請解釋一下。」

「呃，他來是因為他自己想來，只不過他並不完全知道自己要到這裏。我們安排飛機在這裏停留。他會被時差搞得暈頭轉向，根本弄不清自己究竟是在哪裏。我們的一個間諜將在飛機上充當空服員，她會叫醒他，讓他在這裏下飛機。」

「無恥。」

「但這是千載難逢的機會……」

第二天下午，睡眼惺忪的赫克特・尼佐利在瓦斯喬普機場走下了飛機，湯普金斯先生和胡莉安女士站在一個巨大的橫幅下面等他，橫幅上寫著「歡迎大名鼎鼎的尼佐利博士」。

湯普金斯走到他面前：「尼佐利博士？」

「是的。」

「我是韋伯斯特・湯普金斯，這是我的同事，胡莉安女士。」

尼佐利和他們握了手，迷惑地四下張望。湯普金斯馬上接著說：「能見到您是我的光榮，尼佐利博士。我一直很景仰您的成就。」

尼佐利博士很得體地表示了謙虛。他的眼角顯出幾條皺

紋，微笑很快爬滿了他的臉。他的鬍鬚已經開始泛灰，但是濃密的頭髮仍然烏黑。這是一個讓人覺得可靠的人，讓你覺得任何事情都可以告訴他，而且可以從他那裏得到滿意的回應。

「我們希望您會喜歡這裏。」湯普金斯熱情地說，「明天下午，我們安排了一個大會，請您做開場發言。然後是四處瀏覽一下，當然還有午餐和晚餐，然後我想問一下：您是否有興趣參觀我們做的一些實驗？」

「實驗？」尼佐利博士似乎立刻清醒了，「什麼實驗？」

他們讓所有的軟體工程人員——總共有將近500人——出席了尼佐利博士的開場發言。實際上，他的演講只是泛泛而談。結束時，聽眾全體起立，熱烈鼓掌好幾分鐘。終於可以從講臺上下來的時候，尼佐利博士看起來有點迷茫，但是很開心。

緊接著是一個歡迎會，然後遊覽市區和城裏古老的城堡，然後晚餐，然後另一個歡迎會，然後是室內音樂會，然後又有幾個人陪尼佐利博士到陽臺上喝白蘭地，等著看月亮升上山谷。這一整天，尼佐利博士在摩羅維亞的第二天，他沒有一點時間參觀專案管理實驗室的實驗。第三天，他一直都跟湯普金斯和貝琳達‧賓達在一起。到了傍晚時分，他們已經擬訂了一系列的對照實驗。每個產品都要生產三遍，三個團隊將同時進行工作。對於每個專案，他們有一個預期的目標和結果，這些競爭團隊的相對績效將有助於證明預期是對是錯。

表8-1　6種產品，18個專案

產品	競爭目標*	A團隊		B團隊		C團隊	
		經理	員工	經理	員工	經理	員工
Notate	Notes	?	12	?	10	塔奇	4
PMill	PageMill	格拉底希	9	?	8	奧利昂	4
Paint-It	Painter	阿爾維斯	13	?	11	內弗爾	5
PShop	PhotoShop	?	17	伊斯貝克	16	阿特貝克	7
Quirk	QuarkXpress	?	13	阿菲爾斯	12	卡巴克	5
QuickerStill	Quicken	格羅斯	7	卡塔克	3	馬克莫娜	6

* Notes是國際商用機器公司（IBM）的註冊商標。PageMill是Adobe系統公司的註冊商標。Painter是Fractal設計公司的註冊商標。PhotoShop是Adobe系統公司的註冊商標。QuarkXpress是Quark公司的註冊商標。Quicken是Intuit公司的註冊商標。

在一個長長的工作日之後，晚上他們大吃大喝了一頓。「似乎我們今天晚上喝的都是摩羅維亞酒。」尼佐利博士發現。

「這是我們的『世界之酒』節目的一部分。」萊克莎平靜地對他說，「今天輪到摩羅維亞，明天就是別的國家，誰知道？」

「多麼迷人的節目。」尼佐利博士興高采烈地說，喝乾了杯中的澤林尼克白葡萄酒，「我喜歡摩羅維亞酒，尤其是白葡萄酒。」

「現在，我們一定得喝點顏色更深的，看這些來自東部比拉克和維吉斯的紅酒。」不知什麼時候，湯普金斯成了摩羅維

亞酒的專家。他為客人斟了一杯酒：「看看這顏色，幾乎是琥珀色。」

尼佐利博士嘗了嘗純淨的紅酒：「唔，好味道。這才是真正的酒。我想有一天我會去摩羅維亞，看看那是個什麼樣的國家。」

「有點像這兒，我覺得。」湯普金斯告訴他，「風景如畫，民風淳樸。而且，當然了，有很多美酒。」

酒會的地點是在他們住處的一樓和花園，湯普金斯的私人套房就在樓上，尼佐利博士也是，所以當夜幕降臨，他們只需爬上華麗的樓梯就可以回到房間。他們倆都拿了一杯莫格雷德克葡萄酒，典雅的淡橙色甜酒，一邊上樓一邊喝。就像兩個舉杯的紳士相遇時通常會做的那樣，他們在樓梯中間聊了起來。一個小時過去，他們還在那兒，肩並肩坐在長毛絨的勃艮第地毯上，談著工作。

「你知道，赫克特，關於專案的控制和目標我們已經談了很多。我是不是忘了告訴你，這些專案不僅僅是實驗。我是說，它們真的必須及時生產出東西，非常高品質的軟體產品。」

「也許不完全是實驗，但還是可遇不可求的好機會，從中可以學到關於專案推動力非常重要的東西。」

「喔，是的。但是還有我的工作推動力得考量。我們可能學到很多東西，但是什麼也交不出來。如果真是這樣，我的工作就只能被評價為『失敗』。或者，我們可能什麼也學不到，

但是交出六個驚人的軟體產品。如果這樣，嚴格地從工作的角度來說，我應該算是成功的。」

「而你希望在兩方面都成功。」

「完全正確。」

「我也希望這樣。」

「我們也許要從幾次暫時的失敗中學習，但是最主要的是從我們最終的成功中學習。」

尼佐利博士點點頭：「噢，只要一啟動，我相信你的實驗一定不只對最後的結果有幫助。對於每個專案，你都同時啟動三個團隊，然後從中挑選速度最快、品質最好的作為最終產品，那麼你又怎麼可能失敗呢？這是絕大多數組織都無法企及的奢侈。團隊之間將會存在小小的競爭壓力，這是一個絕妙的提示，讓他們隨時記得：產品是要對外發布的。這只會幫助開發者們集中心力。」

「是的，我知道。但是現在的情況是：坐在我身邊的不是別人，正是聞名於世的赫克特·尼佐利博士，一個把名字刻在軟體科學大廈最頂端的人，一個發表了數百篇博大精深的論文、著作等身的人……」

「唔，曾經有人指責我，說我沒有什麼想法是不發表出來的。」

「我很想見見那個敢這樣說話的土包子！」

「呵呵，我想這實際上是對我的讚揚吧。」

「但願如此。不管怎麼說，現在我和大名鼎鼎的尼佐利博

士單獨在一起。如果我不向你請教一些建議的話，我一定會瘋掉的。告訴我，赫克特，我應該怎樣做才能讓這些專案成功的機會最大？如果你在我的位置上，你會怎麼做？如果只能做一件事？」

赫克特的目光越過樓梯，游離在遠處：「一件事。這是個難題。」

「我是否應該關注流程改善？你知道，軟體工程學院的人一直在試圖說服我。他們告訴我：立刻執行一次流程改善計畫，將整個團隊從CMM 2級提高到3級，這就是我能對組織所做的最大幫助。我應該這麼做嗎？」

「很簡單。不。」

「啊？」

「從理論上來說，流程改善總是好事。它意味著你把自己的工作做得越來越好。但是我對CMM這樣的流程改善『計畫』沒有什麼熱情。它們經常把計畫本身當成了目標。」

「但是一定有什麼我可以做的，某種短期調整也許可以提高生產力，比如說……」

赫克特用力地搖頭：「在我們的工作中，沒有『短期調整』這種東西。永遠都沒有辦法在短期內提高生產力。當你把一切都安排好以後，你所能得到的生產力將是在你之前的管理者所做的長期投資的直接反映。對於生產力，你唯一真正能發揮的影響就是：現在做長期投資，讓你的後繼者受益。」

湯普金斯歎了一口氣：「我想我也知道。不過，聽你這麼

坦率一說，也讓我耳目一新。」

「給提高生產力這個話題潑了一盆冷水。」

「謝謝，我正需要這樣。」

一位侍者注意到他們，於是從樓下端了兩杯橙色葡萄酒上來。赫克特和韋伯斯特接過酒杯，淺嘗了一口，心事重重。

「那麼，你會怎麼做呢，赫克特？一件事。」

「既然沒有辦法提高生產力，至少在短期內不可能，那麼我想你必須注意避免浪費時間。如果已經確定了完工的日期，那麼你必須面對的唯一變數就是真正有效的工作時間的比例。所以，你應該集中精力去減少無效工作時間所占的比例。」

「明白了。那麼，我應該尋找浪費時間的根源，然後把這些根源除掉。」

「對，這肯定沒有害處，但是也沒有太大的作用，因為為了避免自己失敗，人們總會嘗試做這些基本的『保健』（hygiene）❶工作。結果你會發現，不太可能整體性地大幅增加一個工作日裏的有效工作時數。效率可能提高，但是不多。」

「那麼，我應該尋找哪些非系統性的浪費呢？」

「呃，想想當專案中有一些東西出錯時的情況。這是一個風險的具體化過程：之前它只是一種可能性，但是現在它成了

---

❶ 編按：此語源自赫茲伯格（Frederick Herzberg）的兩因子理論，他認為組織內有兩種因子會影響到工作滿足：一是激勵因子，一是保健因子。保健因子是指公司提供的薪水、福利、工作環境，可以滿足人類生理或經濟需求的部分。

現實的問題。」

湯普金斯點點頭：「比如說處在關鍵路徑上的一種硬體不能按時交付了，你是說這種事情嗎？」

「完全正確。或者關鍵路徑上核心部分的開發延遲了，因為分配給它的時間實在太少。於是，所有人都受到影響，工作被擱下了。有些人開始無所事事，因為在關鍵路徑上的工作完成前，他們不能進入下一項任務。現在，你怎麼辦？」

「嗯，我想我會對產品的功能做一點調整。這樣應該可以讓關鍵路徑輕鬆一些，也可以幫助我們在剩下的工作中彌補時間。」

「好，所以你就調整了。這也意味著浪費，因為調整可能已經相當遲了。畢竟，已經有部分工作浪費在被你調整掉的功能上面。」

「我懂了。」

「浪費，浪費，浪費。我覺得，浪費和風險總是緊緊綁在一起的。專案的心力被浪費了，龐大的浪費阻礙了你前進，這都是風險具體化的直接結果。所以，如果我只能做一件事，那就是控制住風險。我會透過控制專案所面臨的風險來管理每個專案。軟體開發是有風險的，要管理它，說穿了就是要控制風險。」

「當然，我絕大多數專案都面臨同樣的風險：它們可能完成得太晚，或者開銷太大。」

「對，這些就是你的根本風險，你最不想要的結果，但是

還不是我所說的風險。你必須去控制的那些風險是原因，是可能造成最後失敗的東西。所以，你面對的並非是最後幾個大風險，而是許多根源性的小風險。」

湯普金斯反覆思考他的話：「管理一個專案就是要控制根源性的風險。我喜歡。軟體開發是有風險的，如果沒有風險，那還要管理幹什麼？我喜歡這種觀點⋯⋯至少，從理論上我喜歡。但是，我還是不能確定它具體的意思。我怎麼知道自己是不是真的在控制根源性的風險呢？」

「反過來想想。人們怎麼證明你沒有控制住風險？想像你被拖上了法庭，別人控告你沒有進行妥善的風險控制。他們會拿出什麼證據來？」

「嗯，我猜他們會說我沒有做好風險統計表，這會是證據之一。」

「或者你沒有評估每一種已確定的風險具體化的機率，和具體化之後可能造成的成本。」

「或者我沒有設立風險具體化時的監測機制。」

「說得好。在風險真正變成一個問題之前，總會有一些早期的跡象，所以你需要先斷定這些早期跡象是什麼，然後像老鷹一樣去尋找它們。」

「也許我應該任命一個人來做這隻老鷹——風險控制人員。」

「是的。最後我想說，如果原告能證明你沒有建立一種能讓員工在壞消息發生時通知你的體制，那你就真的該上法庭。

如果你建立了一種充滿恐懼的企業文化，禁止傳播壞消息，你擺明不想聽的東西員工就不敢告訴你，那就更糟糕了。」

「我當然不會這樣做。」湯普金斯向他保證。

「你的本意當然是不會。沒有一個好的管理者會希望這樣。但是你可能成功地向員工灌輸了一種『我能行』的態度，使得他們都不敢告訴你『我不行』，而這正是非常重要的資訊。」

「這並不完全是『充滿恐懼的企業文化』，但是……」

「但是有類似的效果。」

「我明白了。」

「所以，這就是我要做的『那件事』。我會透過控制風險來管理專案。」

尼佐利博士計畫搭明天早上的第一班飛機回國。直到離開前，他都不會知道自己最近幾天究竟是在哪裏度過的（將來有一天，湯普金斯先生一定會去向他的新朋友全盤招供）。等到明天，在樓梯上這些激動人心的互動都可能遺忘在酩酊當中。湯普金斯有預感自己到早上就會什麼都記不起來，所以他沒有直接上床，而是坐到書桌前，把尼佐利博士的建議立刻記下來：

生產力的提高

- 沒有「短期生產力提高」這樣的東西。
- 生產力的提高是來自長期的投資。
- 任何承諾立刻見效的東西，無異於江湖術士在賣膏藥。

風險管理

- 透過控制風險來管理專案。

- 為每個專案建立並維護一份風險統計表。

- 去追蹤根源性的風險,而不只是哀歎最後的不良結果。

- 評估每種風險具體化的機率,和可能造成的成本。

- 對於每種風險,找出其具體化的最早期徵兆。

- 任命一位風險控制人員,這個人不能有組織內部「我能行」的態度。

- 建立簡單的(可能是匿名的)管道,讓壞消息能傳遞到高層。

9

人力資源管理的大將

今天元首也在城裏，所以貝琳達建議把他也找來。他們還要進行好幾十次面試，而貝琳達發現元首很明顯在招聘軟體經理方面有一些經驗，所以為什麼不讓他參加呢？他們可以組成三個人的團隊來進行面試。更重要的是，他們三個可以分頭去問一些基層員工對管理者的看法。由於有三個人，這部分的工作進行得更快了。

這個把自己塑造成「暴君」的人不但願意參加面試活動，而且還非常積極。湯普金斯感覺元首對「暴君」這份工作早就不勝其煩了，他渴望做一些更符合自己真實才能的工作。為了這些面試，他還進行了偽裝：一副黑框眼鏡和一個假鼻子，濃濃的黑眉毛，還粘上一撮小鬍子。在面試開始的時候，他總會介紹自己是「萊德爾先生」。

一位年輕的經理這樣對他們說：「有沒有管理都無所謂。你們也許不會請我當經理，但是一定要採用為我工作的這個團

隊。他們是最棒的。我們已經一起工作了兩年，再加上在我之前的兩年團隊經驗。我接管他們的時候，他們就是一個很團結的團隊了。相信我，任何人都可以管理這個團隊。」

「我們用他。」萊德爾先生說。湯普金斯先生低頭看看錶，這次面試才開始兩分鐘。他開始懷疑自己是不是唯一被徵才問題所困的人。很明顯，元首和貝琳達‧賓達都沒有這個問題。噢，天啊，連元首似乎都勝過湯普金斯。他問了這個傢伙的名字，記在筆記本上。

「對團隊的尊重總是好經理的特徵。」後來，元首一邊喝咖啡一邊告訴他，「但是在這一點上必須小心，因為現在絕大多數組織的政策都是團隊至上。在團隊這個話題上，你聽到一些最漂亮的稱讚可能都是謊言。經理們都學會了稱讚他們的團隊，哪怕他們背地裏對這種觀念感到恐懼不已。」

「誰會承認自己是反團隊的，或者反對團隊精神呢？」貝琳達補充說。

元首點點頭：「但是有些經理的確是這樣。在內心深處，他們害怕一個緊密而優秀的小組織，甚至會排斥……」

「有時候甚至把經理本人排斥在外。」貝琳達接過話頭，「在我曾經管理過的一些團隊中，很明顯我就不是團隊的一員。這是不對的，但事實的確如此。團隊的成員是平等的，而經理則跟他們不同——很少接觸工作的細節，常表現出權威的形象。總之，明顯跟其他人不同。」

　　湯普金斯一直在等一個開口的機會：「但在這次面試中，我們這位年輕的朋友不光是嘴上說說以顯示自己的『政治正確』，他是真的這麼想。他接掌這支已經成形的團隊，並且努力扶植它，這就是證據。那些背地裏害怕緊密的團隊的人不會這樣做……」

　　「那種人可能早就把他們拆散了。」元首接著說，「拆散團隊是我最不願意做的事。但是有些公司甚至有一條相關的正式規定：每當完成一個專案的時候，他們就會把團隊拆散。多愚蠢的做法呀！在我看來，一個組織良好的團隊，應該被視為專案最主要的收穫之一。所以，當你最後評價一個專案時，不應該僅僅根據生產出的軟體，還要看它是否至少造就了一個牢固而優秀的團隊，一個有意願、有激情去投入另一個專案的團隊。」

　　「呃，」過了一會兒，湯普金斯說，「顯然，我們都非常願意在這個話題上再好好討論一番。那麼，下一個要面試誰？」

　　貝琳達低頭看看名單：「一個名叫蓋布瑞爾‧馬可夫的傢伙。」

　　「喔，對了。」元首說，「馬可夫准將。」

　　「一位將軍？」貝琳達覺得很奇怪。

　　元首繼續說：「准將以前負責軍隊的軟體開發，所以熟悉這個領域裏的東西。他資格相當老，但實際上他做行政工作多於做專案管理。」

「無所謂。」貝琳達說，「我們手上有無數的人。我們也可以請一個優秀的行政人員。」

「這正是我的想法。」元首表示同意，「我把沒有在第一批專案中分配到任務的人都交給他管理。在這些專案之外，馬可夫准將負責組織其他部分的運作。我們沒有決定放在某個計畫中的人最後都將在他手下工作。所以可以說，他是我們的人力資源庫的管理者。」

湯普金斯有點擔心：「那麼，如果我們要開始一個新專案，我們選的每個人、每個團隊實際上都是從他的轄區內出來的。他不會為此感到不高興嗎？」

「我覺得應該不會。」元首說，「實際上，他根本不知道怎麼安排手下的人。」

「他們到底做些什麼呢？」貝琳達問道，「他們看起來都有事做，開發軟體、做設計、測試模組、編寫文件。但是你說我們可以隨便從裏面要人。我很想知道這位准將給他們每個人都分配些什麼工作。」

一到蓋布瑞爾・馬可夫的辦公室，貝琳達就丟給他一個問題：「在你手下工作的人，他們都做些什麼呢？」

「大部分是為中央計畫辦公室設計軟體。」准將告訴他們。他是個魁梧而強壯的人，即使穿著便服也像穿著制服一樣。他嘴裏鑲有一顆金牙，就在門牙的位置，因為他幾乎都在微笑，所以金牙非常醒目。現在，他的微笑帶上了幾分憂愁：

「我沒有勇氣告訴他們。」

「告訴他們什麼？」湯普金斯問道。

「告訴他們中央計畫辦公室已經被取消了。這是元首親自做出的決定。」說完，他狡黠地朝著萊德爾先生的假鬍子眨眨眼，咧嘴笑了。

「天哪，這多可怕！」湯普金斯說，「所有的人都在做無用的工作。」

「但這只是暫時的。」准將趕緊向他們保證，「我們已經跟美國和英國的公司簽了外包契約。我向你們保證，最多到明年，我們會讓所有人都忙著執行契約的工作，至少是那些沒有被你們選去做專案的人。」

這讓元首有點驚訝：「我不知道你還在做這個，蓋布瑞爾，找國外的專案。」

「哈，我想這是有意義的。而且那邊也有很大的市場。是的，沒有太大的壓力要求他們為國家創造多少收入，因為按照國際標準，他們現在的薪資水平還是很低的。在我們自己需要他們之前，我們可以一直讓他們忙碌地工作，將他們當作一個巨大的人力資源庫來管理。只是，這一切都太沒意義。就算還有中央計畫辦公室，這份工作還是很沒意義。為了維持士氣，我需要找一些真正有意義的工作給他們做。」

貝琳達換了個話題：「你曾經管理過的最大的團隊是什麼樣子？」

「13,571人，由摩羅維亞陸軍第一軍、第二軍和空軍共同

組成的團隊。」准將立刻回答，「每年的預算是1.91億美元，投資金額是8.53億；688名軍官（包括9位將軍），362名後勤人員；7.2萬平方米的室內場地，超過1,100平方公里的基地和研發中心；509名技術人員，包括388名程式設計人員、系統分析人員和設計者。」

「哇。」貝琳達說。

「呵呵，」湯普金斯過了一會兒才說，「我想你完全有資格來管理我們的人員。這份工作對你有吸引力嗎？」

准將又笑了：「當然有。從某種角度來說，我是個技術上的新手，但也是技術的信徒。我想，未來是屬於資訊的：處理資訊得到知識，通過網路傳遞資訊，將知識送到市場上去。這是一次巨大的革命，而我希望成為其中的一分子。為你們工作、與你們一起工作、從你們那裏學到知識、把我的知識教給你們，這是我的光榮。」

准將說完以後，又是一陣沉默。每個人都感覺到了他的誠摯和熱情。湯普金斯很驚訝自己竟然很喜歡聽到這些話。

另一方面，貝琳達還在想著那些數字：「你知道，准將先生，我從來沒有管理過你1/10的人數。讓我們分享你的見識吧。從這些經驗中，你學到了什麼？選幾樣告訴我們吧。」

馬可夫准將陷入沉思，目光開始渙散。過了一會，他開口了：「你必須一直學習的一課就是：壯士斷腕。當你做一些有價值的事情，總會有很多相關的風險，總會有讓你的努力付諸流水的可能性。而在軟體開發的工作中，情況尤其如此。數數

那些失敗專案的個數吧，那些什麼也沒交付、或者被取消的、或者交付出沒用的產品的專案。也許有1/4，至少在大型專案中，是失敗的專案。」

「如果完全按照專案順利進行、最後獲得成功的標準來評價自己的工作，你看到的畫面是不完整的。你還必須看自己控制錯誤的能力有多強，看自己砍掉失敗的工作有多快。這是我所學到的最大、也是最難的一課。」

逐漸成形的人員配置是令人興奮的，但是仍然充滿了未知。在以前的工作上，湯普金斯總會有幾個人可以依賴——那些與他一起工作了5年或10年甚至15年的人。摩羅維亞的管理團隊中這些新面孔看來都不錯，但是他還是在想：幾年之後，他在他們的記憶中會有什麼樣的形象？無論如何，他很難抑制住自己的樂觀。特別是准將，他的加入令人興奮。湯普金斯認為，這個可愛而聰明的人一定能幫助他補充他思考的不足。最重要的是，知道1,350多個沒有參加這六個關鍵專案的人，都在准將這裏得到妥善的安排，這讓他大大鬆了一口氣。

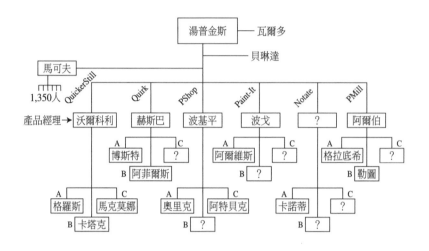

　　湯普金斯抬頭看看新的組織圖，這是他和貝琳達昨天下午畫在白板上的：有七個人直接向他報告：馬可夫准將和6位產品經理，這六個經理負責交付分別和Quicken、QuarkXpress、Photoshop、Painter、Lotus Notes和PageMill競爭的產品。在每個產品經理下面，都有一支A團隊、一支B團隊和一支C團隊，這三個獨立的單位將彼此競爭，以最快的速度製造出最好的產品。

　　他還要尋找八個關鍵人員，包括一個直接向他報告的人。當他需要經驗豐富的行政人員的意見時，他會去向准將諮詢，而不只是把他當作人力資源庫的管理者。准將可以按照自己的想法繼續做外包的專案，只要承諾把這六個專案的人員需求放在第一位就行了。

　　還不夠完美——他還在擔心在他下面的那個空框——但

是，他們已經在短短一星期內走完了很長的路。18個工作團隊
中有11個已經建立起來，開始工作了。貝琳達對目前為止的進
展非常滿意，他也漸漸依靠從貝琳達那兒學到東西做為邁向最
後成功的指引。他本來可以讓自己和她一樣樂觀，但是嚴酷的
倒數計時提示板就放在新的組織圖旁邊。那是他叫瓦爾多放在
那兒的，每天減去一頁。現在，提示板上寫著：

到交付日只剩 | 705 | 天！

扣掉週末和假日，到他的契約到期只剩下不到500個工作
天。這幾乎不足以完成一個像PShop這樣的大型產品。（而且
他還沒有PShop B團隊的經理呢！）到目前為止，沒有人給他
設定最後期限，他一直堅持不能提前給他下達任何進度要求。
但是，他能騙誰呢？每個人都希望這六個產品──或者至少大
部分──能在他的任期內完成。所以，不管他怎麼決定，還是
有一個非常嚴酷的最後期限在等著他。只剩705天……

他拿出日記本和筆：

防止失敗

- 壯士斷腕。

- 控制失敗比優化成功更能提高你的整體績效。

- 除非必要，否則不要自己去組成一個團隊。去找一個
  已經成形的團隊來用。

- 維持好一個團隊（如果他們願意的話），也幫助你的

> 繼任者避免團隊凝聚過慢或無法凝聚的問題。
> * 把凝聚在一起的團隊——準備充分、也願意接受新的工作挑戰——當成是專案的收穫之一。
> * 專案開始時浪費的一天和最後階段浪費的一天，對專案造成的傷害是一樣的。

最後一條來自貝琳達，這是她幾乎每天早上都要說的。湯普金斯最後一次抬頭看了看瓦爾多的倒數記時板。當他明天早上來的時候，應該已經翻到704了。705天真的如他希望的那麼多嗎？或者到最後，那只是再一次的失敗？時間會證明一切。他低下頭看著日記，在「防止失敗」下面添上了最後一條。這是他多年以前就已經明白的道理，現在又必須面對了：

> * 有無數種方法可以浪費一天的時間……但是沒有任何方法可以拿回一天的時間。

10

建立模型與模擬

　　湯普金斯到羅馬去辦一些小事，順便稍事休息。現在，所有的專案人員都已經安排到位，開始正常運作，他也可以去處理那些一直困擾他的事了。在哈斯勒酒店的櫃台，他把新辦的美國運通信用卡遞給了服務生。

　　服務生困惑地看著信用卡上的簽名。「摸樂維啞國家書局桂花出。」他念道，「這大概是『摩羅維亞國家資料……』」

　　「規畫處。」湯普金斯好心地說。

　　「啊，資料規畫處，沒錯，用英語就應該這樣說。唔……您知道『規畫』這個詞用義大利語怎麼說嗎？」

　　「Shmerziazione❶？」

　　「啊，太好了，歡迎來羅馬，湯普金斯先生。歡迎光臨哈斯勒酒店。」

---

❶ 譯註：義大利語的「規畫」。

「謝謝。」

幾分鐘以後，他到了舒適的套房，窗外是宏偉的西班牙臺階❷。服務生離開以後，湯普金斯在桌上打開筆記型電腦，接上酒店的電話線，把一份兩頁的文件傳真到紐約。

第二天早上七點左右，電話鈴聲把他吵醒了，是他的律師斯波福特。

「韋伯斯特！起來，太陽曬屁股了，韋伯斯特！是我！」

「你好，傑克。」

「的確很好。我收到你的傳真了。這幾天我一直守在電話旁邊，昨天傍晚我順便去了一趟富達投資公司華爾街的辦公室。按照你交代的，我去跟蘭普爾女士談過了。她非常合作，所有的手續都準備好了。她告訴我，你已經通知她，也提供了必要的證件，讓我做你的代理人。」

「是的。」

「我們查了一下你的帳戶，和你傳真中的螢幕圖像做了比較，就是你從摩羅維亞的網站上看到的圖像。」

「那麼……」

「他們把錢都付清了。毫無疑問，你的錢都進了富達投資公司，你可以看看自己的帳戶。我們沒有發現什麼不對勁。」

「我只是擔心……」

---

❷ 譯註：Spanish Steps，羅馬城中心的一個地標性建築。

「……擔心你的KVJ的朋友們會耍花樣。我知道。好了，放心吧，他們沒有。」

湯普金斯放心地喘了口氣：「那麼，錢真的進去了。他們真的一次付清了。」

「一分錢都不少。而且還比他們說的早一天到。」

「太好了。謝謝你，傑克。那麼，你是不是開了個新帳戶，把錢都轉過去了？」

「沒錯。舊的帳戶已經關閉了，我開了幾個新帳戶用來存這些錢。密碼就按照你在傳真中要求的。不過，你當然會修改密碼的，對吧？」

「當然了。」

「記住，把密碼記在自己的腦子裏，不要記在電腦上。否則，那些卑鄙的摩羅維亞流氓可能會搶走你的筆記型電腦，然後把他們的錢拿回去。不過，你一定已經想到這些了，是吧？」

「當然。」實際上，他根本沒想過這個。對，應該把密碼記在腦子裏，然後把銀行用戶端程式裏所有的密碼都刪掉。

傑克的話還沒完：「好，差不多了。你的錢已經入帳，這方面不用擔心了。哦，還有件事。」

「你說。」

「還記得去年夏天，我在你家參加過的那個聚會嗎？還記得你介紹給我的那位上了年紀的先生嗎？喬尼……？」

「喬尼・傑伊，我以前的老闆。我當然記得他。真可惜，

他退休了。如果他還在公司裏，我一定還在他手下工作。他是我所見過最好的老闆。」

「他是個真正的紳士。」

「你知道，傑克，我幾乎每天都會想起他。有時候我相信，我當了一輩子的管理者，就是為了發現和理解他骨子裏的那種管理的智慧。我想他是最棒的，和他一起工作是一種榮幸。」

「噢，顯然我們的感覺是一樣的。上個星期六晚上，我碰到他。就在這兒，在紐約。」

「不會吧？真的？」

「真的。他和他的太太在林肯中心歌劇院。中場休息的時候，他找我們聊了一會兒，主要都是關於你的事。他已經知道你在摩羅維亞的冒險經歷了。」

「那是個老好人。他現在怎麼樣？」

「很清閒。他們倆都是。隔天早上，他們就要動身前往瑪莎的葡萄園或更遠的地方，也許一直到緬因州。他問我怎麼跟你聯繫。他說有個年輕人，你真的應該去認識一下，問我怎麼能找到你。我說我也沒有你在瓦斯喬普的電話號碼，但是知道你今明兩天會住在羅馬的哈斯勒酒店。」

「喬尼希望我認識的人，一定不簡單。那麼，他會打電話給我嗎？」

「不，我想那傢伙會親自去找你。喬尼說，那傢伙現在也應該在歐洲。他的名字叫……」

「等會兒，等我拿筆……說吧。」

「他的名字叫阿布杜爾·賈米德。」

一整個上午，湯普金斯在廢墟和噴泉周圍閒逛，享受義大利涼爽的天氣，又在波各塞公園附近吃了午飯。回到酒店的時候，已經快三點了。

「我想您就是湯普金斯先生吧？」一個深色皮膚，帥得出奇的年輕人走到他的面前。

他看起來就像是年輕時的奧瑪·雪瑞夫❸。

「對，我是。」湯普金斯說，「我就是湯普金斯。」

「我是賈米德博士。您的朋友傑伊先生……」

「噢，是的，賈米德博士。很榮幸見到您。喬尼·傑伊的名字總能立刻引起我的注意。他推薦的任何人……呵呵，很高興見到您。」

「您太客氣了。」

「完全沒有。傑伊先生希望我們倆見面，所以我一直盼望著。他希望我們談一些什麼？」

「我的研究成果。我剛完成了一些關於管理的動態模型研究，當我把它拿給喬尼看的時候，他馬上就想到您。他覺得這些在您的新工作上也許會有用。」

湯普金斯點點頭：「喬尼總是在為別人尋找機會。這一

---

❸ 譯註：Omar Shariff 是一位好萊塢明星。

次，我想是我們倆的機會。我很高興能學習您的研究成果，賈米德博士。我會在這兒多待兩天，這樣時間夠嗎？」

「作為開始，夠了。」

「好吧，那麼就開始吧。」他伸出右手，「韋伯斯特。」

「阿布杜爾。」

他們鄭重地握了握手。韋伯斯特帶他上樓，到臥室隔壁的小會客室。

連續幾個小時，湯普金斯埋頭研究賈米德的麥金塔筆記型電腦上的內容。他的頭都開始暈了。

「暫停，暫停。我的大腦超過負荷了。你一直在說我的直覺庫……」

「就是你用來指揮專案的直覺。」

「我明白，但是你談論直覺的方式是我從來沒聽過的。你把直覺說得像是一個小型資料庫、一個在我肚子裏跑的程式一樣。這個程式會觀察這些資料，並得出答案。這真的是直覺運作的方式嗎？」

「呃？不是嗎？」

「唔，我猜差不多吧。我是說，很明顯這裏的確有些資料，那是我這麼多年經驗的累積。而且，我想一定也有某種演算法在告訴我這些資料的意義。」

「正是這樣。」

「但是，你要我建立一個明確的模型來指出直覺在專案運

作中的作用，然後用這個模型來模擬專案的結果。」

「對。」

「但是我為什麼要這樣做？為什麼我不能把直覺保留在腦袋裏、肚子裏或者其他地方？我覺得那才是直覺應該在的地方。」

「哈，你當然可以，但是這樣你就沒有好辦法來改善自己的直覺。最好的管理者就是擁有最好的直覺庫的人，就是你所說的『腸胃的感覺』最準確的人。如果你相信這一點，那麼你就必須努力提高自己的能力，讓你的直覺能夠對情況做出更準確的預測。」

「當然。但是這個模型又能有什麼幫助呢？」

「它能給你一種清晰的表達方式，讓你勾勒出專案將如何完成的理論根據。然後，你就可以根據模型來回顧真實的結果，了解需要改進的地方。如果你有一個同事，他也有非常好的直覺庫……」

「我的確有這樣的同事，她叫貝琳達。」

「那麼，你們就可以一起研究這些模型，藉此互相學習。沒有這個模型，你就只有腸胃裏面那一點點模糊的感覺，比如說，『人員增加太快會使專案變得效率低落』。這完全是主觀的。你感覺到了，也許我或者貝琳達也感覺到了，但是我們沒有辦法討論它。在某種意義上，也許貝琳達感到不舒服的程度是你的兩倍，但是我們甚至不可能知道這一點，因為我們並沒有去量化這種腸胃裏面的模糊感覺。但是，在建立了一個直覺

模型之後，我們就有了一種具說服力的理論，它清楚表達出人員增加的速度對有效生產率的影響。」

湯普金斯很不自然地笑著說：「儘管很有說服力，但它還是有可能是錯的。」

「太對了。它只是一種理論。但是，現在我們用一種簡單的方法就可以檢驗它的正確性：將它與實際情況相比較。在這期間，我們有一種絕佳的傳達方式，讓你和貝琳達可以驗證各自對這件事不同的感覺，讓你們可以試著把你們腸胃的智慧結合起來。」

「好吧，就算我已經採納了這個意見。我想看看它實際應用的例子，不過就算我喜歡你的直覺模型的概念，還是請你說明白一點。我還是不知道，為什麼我要在模擬器上跑這個模型來看精確的計算結果。這是不是有點過分了？」

「如果你只有一個直覺，那麼你是對的。但是，假設你有半打的直覺，你要怎麼算出它們的總效果呢？」

湯普金斯還沒有被說服：「模擬器能算出總效果，這就是你的意思吧。這有什麼了不起的？既然輸入模擬器的只有我的直覺，那麼它對於總效果的預測又怎麼會比我對總效果的直覺更準確呢？」

賈米德博士點點頭：「你認為你可以算出這些不同效果的總和是嗎？也就是說你可以用直覺所在的非計算用途的處理器來做這項完全計算性的工作。你會用大腦、腸胃來做『直覺處理器』，有時還會用骨頭。你能用骨頭做精確的計算嗎，韋伯

斯特？」

「呃……」

「讓我們來試試看，我們拿模擬模型文獻中的一個小例子來做試驗吧。假設從一月開始，讓你負責一個100人的專案。這100人已經一起工作了兩年，現在你觀察到固定的人員退出率：每月有4個人退出。每當有人退出的時候，你就立刻再雇一個人來代替他，並對新人做兩個月的培訓，然後新人才能融入專案之中。」

「沒錯。」

「現在你發現，或者說你察覺到，五月一日開始實行的新人事政策將會導致人員退出率上升。假設退出率變成原來的兩倍。」

「好，現在我們預期每個月損失8個人。」

「對。用你的直覺算一算，到8月1日，你的專案中有多少人可以正常工作？」

「嗯？不是100人嗎？」

「是嗎？」

「我想你說過：我手下總是有100人。每當一個人離開，我就立刻再雇一個人來替代他。所以，我的員工數總是100人。新的員工需要培訓……噢，等一下，我明白你的意思了。總會有些人正在培訓中，而現在，正在培訓的人數更多了。」他想了一下，「喔，當然，在第一個月裏，我的可用人員會減少，這是因為人員退出率突然上升了。所以那個月，我的可用

人員會從100個減少到92個。但是，後來我不是會把他們補回來嗎？我想是的，不對嗎？至於到8月，我是否能回到100人的水平，呃……好吧，我不知道。我肚子裏的算術處理器不能勝任這個工作。」

「這還只是最簡單的例子，韋伯斯特。你幾乎每天都在嘗試用自己的骨頭來做更複雜的模擬計算。在這裏，讓我們來看看對於這個特定的例子，模擬器說些什麼。」賈米德博士在螢幕上畫了一個模型*，「我用一個矩形『容器』來表示你的可用人員。容器裝得越滿，你可用的人就越多。我們把初始值設定為100。

可用人員

「這就是一個模型，但還不是動態的，因為還沒有人員的流動，例如人員離開專案、新的員工進入等等。如果就這樣跑模擬器，它會告訴我們：可用人員始終保持在100人的水平。

「下一步，我們增加一個管道來表示離開專案的人員流。另外再增加一個閥門，它的值決定了人員離開的頻率。我們把

---

* 賈米德博士的例子出自 *Introduction to Systems Thinking and ithink*（Hanover, N.H.: High Performance Systems, Inc., 1994）第17～18頁。經作者允許使用。

閥門的初始值設定為每月4個人。

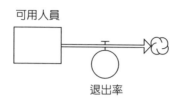

「右邊的雲形小圖示是表示：當員工離開之後，他們就離開了我們的模型。最後，我們再添加一個管道，表示新員工通過『雇用率』這個閥門進入專案，我們可以直接把入口閥門的值與出口閥門的值連在一起，這樣，在特定的某個月裏，不管有多少員工離開，我們都會雇回同樣數量的新員工。在『雇用』閥門和進入專案的人員流之間，我們放置了兩個月的培訓時間。於是，我們就得到這樣的模型：

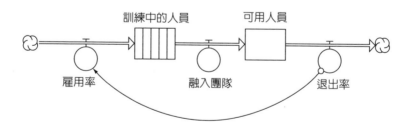

「為了表示從5月開始的『退出率』突然上升，我們設置了一個『退出率』的方程式，讓它在5月之前保持每月4個人的水平，然後從5月開始突然上升到每月8個人。現在，選擇『運算』命令來看看模擬運算的結果。」

　　程式運算的過程中，湯普金斯一直如癡如醉地看著動畫顯示的「可用人員」容器變化。當程式穩定之後，賈米德博士停止了運算，用滑鼠點了幾下，讓系統顯示出整個過程中的可用人員數。

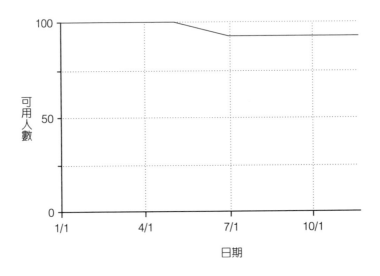

　　「噢，的確跟我想的不一樣。」湯普金斯承認，「它在幾個月中持續下降，然後到7月又保持恒定，但是再也不會回到原來的水平。我覺得很奇怪，為什麼會這樣？」

　　賈米德博士沉思了一會：「我也不是很明白。也許是因為更多的人陷入了培訓中？我的意思是：如果沒有模擬器的幫助，即使這樣簡單的一個相互關聯的網絡也是很難預測的。模擬器為我們提供了它們之間的聯繫，很輕鬆就能完成這種問題所需要的算術分析。」

湯普金斯大笑起來：「這種我們的骨頭算不出來的問題……現在我真的明白你的意思了。」

賈米德博士沒說話。湯普金斯離開了螢幕，漫無目的地盯著天花板某處。所有這些，對於他和他在摩羅維亞的那個小世界，對於要生產六個產品的專案，有什麼幫助呢？為了完成目前的工作，需要做些什麼呢？雖然他還不能完全肯定，但是他開始發現：這些模型和這個模擬器可能會有用。

他轉頭看著這位新朋友：「就算我已經完全相信你所說的，阿布杜爾。我應該做些什麼呢？我應該怎樣利用你今天與我分享的這一切？」

「呃，我們要從你的直覺庫中挑選一些元素。要從你的『倉庫』裏搜索出有用的管理直覺，簡單的辦法就是給它一點挑戰。所以，我來講一些無法容忍的事情，然後問你為什麼這些事情是無法容忍的。」

「好，來吧。」

「假設我是你的老闆。你告訴我，10 個人工作 1 年就可以完成某項工作。但是對於這個產品，我不能等太久，所以我給你 20 個人，要你從現在開始 6 個月之內把產品交給我。」

湯普金斯控制不住自己的憤怒：「我會叫你去跳河算了。」

「你的直覺告訴你：20 個人工作 6 個月與 10 個人工作 12 個月是不同的。」

「何止是直覺啊，」湯普金斯先生大聲說道，「這是毫無疑問的。」

賈米德博士拿起一本黃色的便條紙，在上面飛快地畫起來。畫完以後，他交給湯普金斯，用筆指著上面的圖。

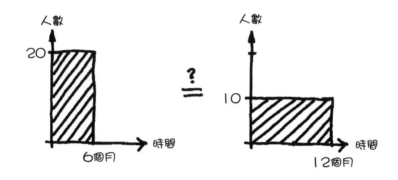

「那麼也就是說，兩倍的人力配置不能在一半的時間裏完成等量的工作？」

「絕對不能！」

「這邊的生產力總量和另一邊的不同？」

「完全不同。」

賈米德博士露出一臉的狡猾：「唔……有多大的不同？」

「什麼意思？」

「它們之間有多大的差別？我們舉個例子吧，假設10個人用1年的時間可以製造的軟體產品是1,000個某種單位。別擔心我現在使用的度量單位，就當它是個適當的軟體度量單位好了。如果10個人在1年中可以完成1,000單位的產品，那麼20個人——假設他們有同樣的能力——在6個月裏面能開發多少單位的產品？」

「少於1,000。」

「少多少？」

「少很多！」

「很多是多少？」

「非常多。那20個人會給自己製造麻煩。他們絕對做不到更小的團隊在更長的時間裏所做的成果。」湯普金斯有點生氣了，「難道你看不出來嗎？」

「噢，我能看出來。很明顯。我並非不同意你的直覺，韋伯斯特，只是試圖讓你量化它而已。這個大團隊在6個月中能完成的工作會少多少？」

湯普金斯擺擺手：「一半，或者1/4。我不知道。」

「別開玩笑。」賈米德博士友善地笑著。

「好吧，我想我不知道。我是說，我不能確切地知道。」

「儘管已經知道了兩個因素中的一個。」

「為什麼你對這個問題那麼感興趣？」

「因為你**需要**知道。人和時間之間的權衡是管理者幾乎每天都必須關心的事情，你總是在做這種權衡。你是怎麼做的？」

「呃，我想，我對此有一種感覺。」

「這種感覺就是你的模型。你看，你已經有了一個模型，但是到目前為止，它還完全是內在的。它埋藏得如此之深，以至於你想看的時候都找不到。讓我們把它公開出來，讓我們在這個模型中再現你的『感覺』：在團隊中添加新員工會對生產率造成怎樣的影響。」

「好。」

「你只要負責說，然後我會把它裁剪成建模程式和模擬程式能夠理解的形式。當你的團隊增加一個人的時候，會發生什麼？」

湯普金斯認真考慮了一下。「初期的影響是負面的。」他開始了，「第一天，這個新來的傢伙根本沒辦法做什麼。為了學習，他還會佔用其他人的時間。所以，團隊的總生產率會受到影響。」

賈米德博士一邊聽，一邊在電腦上建模。

「然後，逐漸地，他成為團隊中的一員。」湯普金斯拿起本子和筆，飛快地畫出他的概念，「就像這樣。」

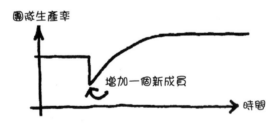

賈米德博士凝視著這張圖。然後，一陣鍵盤的敲打和滑鼠的點擊之後，他將圖中的概念結合進入自己的新模型中。

湯普金斯繼續說：「不過，如果以前的團隊有6個人，那麼新加入一個人的作用就不如5個人的團隊中加入一個人的作用那麼大。所以，我想，可能存在某種與團隊大小相關的損

失。團隊中的人越多，人與人之間的互動就越多，所以浪費的時間也就越多。」❹

「再說清楚一點。同樣的，把圖畫出來。」

「好吧，我看看。如果我們把總生產率看做團隊大小的一個函數，」他一邊說一邊畫，「那麼，理想的情況應該是45度的斜線。如果保持這條線，就表示每個新增加的人都與以前的人做出了同樣大的貢獻。如果是這樣，給團隊配置兩倍的人就能得到兩倍的生產力，而沒有互動造成的損失。但是，實際的生產力比理想的要少，像這樣。」

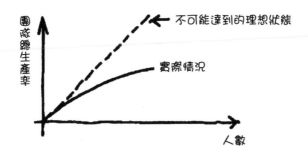

❹ 譯註：在軟體開發過程中，最重要的兩個角色無疑是開發者和測試者。其中，開發者需要更多的互動，所以互動的成本更大；測試者的工作相對獨立，所以互動的成本相對較小。而作為一種智力產品，軟體開發中人員之間的互動成本是軟體的主要成本之一。微軟公司的典型團隊組成是1名經理、3名開發者、5名測試者，這可以說是深得軟體開發之道的團隊組成。而如果希望靠增加人員來提高軟體團隊的生產力，則無疑是南轅北轍。

「實際情況與無法達到的理想情況之間的差異，就是因為人與人之間的互動所造成的損失。」

賈米德博士凝視著這幅圖：「我明白了。基本上我可以把你的圖複製到模型中來。」他把一根手指放在「實際情況」的曲線上，在圖表的中間位置，「告訴我，當團隊的規模有多大時，互動損失（interaction penalty）會達到1/3？」

「啊？」

「我在你的曲線上選了一個點，此時互動損失值大概是實際生產力值的一半。也就是說，在這一點上，理想生產力中大約1/3被浪費掉了。」

「到目前為止，我同意。」

「在這一點上，團隊的規模有多大？」

「我不知道。」

「你當然不**知道**。到目前為止，我們只是在嘗試找出你知道的東西。我們在嘗試找出你**感覺**到的東西。問問你的腸胃，當團隊有多大時，就會有1/3的生產力被浪費在互動損失上？」

「我恐怕沒法給你很準確的答案。」

「相信自己。多大？」

「好吧，我認為，大概4個人。」

「也就是說，4個人在一起工作的總生產力比一個人單獨做這整個工作時的生產力的4倍要低大約1/3。」

湯普金斯聳聳肩：「當然，我不能肯定，不過在我看來，答案差不多就是這樣。」

「好。」賈米德博士又在筆記型電腦裏輸入一些東西。完成以後，他把結果顯示出來，把螢幕轉給湯普金斯看：「這就是我們得到的模型，關於團隊規模的直覺。」

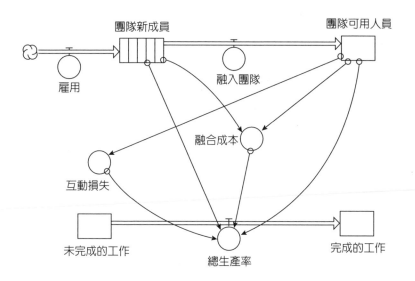

「我們把整個專案描述為努力將『工作』從一個容器轉移到另一個容器的過程。開始的時候，『未完成的工作』這個容器是滿的，『完成的工作』是空的。另外，工作量的大小必須用某種共通的單位來衡量……」

「用程式碼的行數好嗎？類似這樣的單位？」

「好吧，如果找不到更好的單位，就用它吧。在模型中，完成工作的生產力用一個叫做『總生產率』的閥門來表示。這個閥門的值設定得越高，工作從『未完成的工作』向『完成的

工作』流動的速度就越快。很明顯，『總生產率』的度量單位
應該和容器中衡量工作量的單位一樣。」

「我明白。」湯普金斯先生說。雖然他還沒有完全弄清楚
賈米德博士做的這些東西。「最後，這些箭頭表示依賴關係。
比如說，它們可以告訴我們，總生產率依賴四個因素：團隊可
用人員數、還沒有融入團隊的新成員數、互動損失和融合成本
（integration cost）。」

「我猜，這裏的『融合成本』是指為了幫助新成員上路而
損失的那部分生產力吧？」

「是的。現在，我要針對每個閥門以及每個圖形量表，寫
出它的方程式、或是建立圖形定義。比如說，這就是我對『互
動損失』量表的定義。」

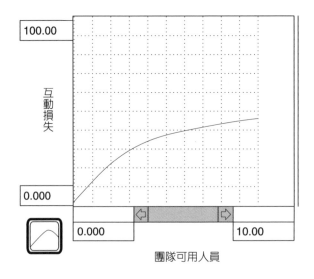

團隊可用人員

「就像你看到的，人數從0開始逐漸增加。當團隊中有4個人的時候，互動損失大概達到了1/3。至於曲線的其他部分，是我自己估計的，我想你會同意。」

湯普金斯盯著這張圖。在團隊規模增大造成的損失上，它是否準確地反映出他的直覺呢？

賈米德似乎看出了他的想法：「在模型運行的過程中，你可能需要調整某一條曲線，甚至修改整個模型。」

「使它真正符合我的直覺。」

「完全正確。」

「好吧，現在我的直覺庫告訴我，需要做一點改變。問題在於『互動損失』是一個靜態的值，也許損失值應該是時間的動態函數。不管怎麼說，人們總是逐漸學著在一起工作的。」

賈米德博士點頭表示同意：「繼續說。」

湯普金斯細想了一下：「嗯，在我看來，團隊有一種潛力——隨著共同工作的時間越來越長，團隊可以漸漸消除互動損失。成員們在一起經歷很多事情，團隊就會變得越來越強壯，甚至能夠克服互動的損失。作為一個整體，團隊比單一個體的簡單加總來得強。團隊在一起，而且……我想，他們成為了一個整體。」

過了一會兒，阿布杜爾又把螢幕轉向湯普金斯：「就像這樣？」

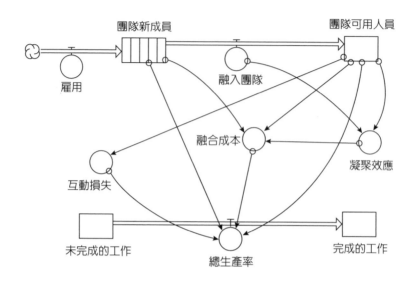

「是的，就像這樣。很明顯，按照你的說法，這兒應該有一個『凝聚效應』。現在，我們必須回去重新定義『融合成本』。」

「當然。」

湯普金斯盯著螢幕研究了好一會：「我想，這就是我的模型。當我想估計團隊完成任務的能力時，在我腦海中出現的大概就是這樣一幅圖。當然，這也有可能是完全錯誤的，根本無法反映出團隊的真實情況……」

「當然。但是現在，起碼你還有辦法驗證它。你可以模擬它，看看所有這些直覺會得出怎樣的預測；然後你再讓真實的專案運作一段時間，以蒐集足夠的資訊來調整這個模型，讓它更完美。」

「我明白了。」

「一點一點地，你把這些資訊融合到模型中，直到……」

「……直到螢幕上的預測比腦海中的預測更準確。」

「就是這樣。」

在去機場的計程車上，湯普金斯先生問道：「你使用的這個建模—模擬工具箱叫什麼名字？我一回辦公室馬上去訂購一套。」

「我用的這個叫ithink *。」賈米德博士告訴他，「但是你沒必要買，韋伯斯特。我已經幫你買了。」他打開公事包，抽出一套套裝軟體，連塑膠膜都還沒開。

「噢，阿布杜爾。你不用這樣，我可以……」

賈米德博士握住他的手：「拜託，韋伯斯特。這只是對我們今天談話的一點補充，讓我可以完整地、放心地完成我的任務。而且，這花不了多少錢。今天中午，你請我吃了一頓美妙的午餐，而我在加州的一家郵購公司買了這套軟體來送你。我敢說，這套軟體一定比你那頓午餐便宜。」他把這份禮物遞給了湯普金斯，然後又拿過公事包，抽出一張磁片：「這裏頭是我們這兩天一起開發的模型，這將是一個起點……」

湯普金斯先生接過話頭：「……建模工作的起點。我向你

---

* ithink®是位於新罕布夏州漢諾威市的高性能系統公司（High Performance Systems, Inc.）的註冊商標。

保證，在捕捉到所有的直覺之前，我們不會停止。阿布杜爾，
我向你保證。」

湯普金斯的日記：

開發過程的建模和模擬

- 以你認為工作是如何完成的直覺為基礎，建立一套模
  型。
- 在和同事的互動中使用這些模型，以便交流、提煉關
  於專案如何運作的想法。
- 用模型來模擬專案的結果。
- 根據實際的結果來調整模型。

11

最後期限：理想與現實

春天，一個清新的早晨。還不到七點，湯普金斯就已經走在上班的路上了。他每天早上都走路上班，因為有益身體。在今天這樣迷人的早晨，他喜歡在路上多逛一會兒，呼吸一點新鮮空氣。從瓦斯喬普的住處到愛德里沃利大學的辦公室大約一英哩路，這條沿河小路經過幾個葡萄園，景色美得令人難以置信。他感到奇怪（其實他每天都感到奇怪），為什麼先進國家在物質上如此富裕，卻不能在A點和B點之間提供一條讓人走起來舒服的人行道呢？在摩羅維亞，不管你的A和B在哪裏，其間都會有一條便捷的步行道。

時間還早，所以他不急著去辦公室，繼續沿著小溪散步。在半英哩外有個小池塘，旁邊有一張木椅，天氣好的早晨，他喜歡坐在那兒思考問題。離池塘還有一百碼時，他放輕了腳步。有時，會有小鹿在那裏出現，偶爾還能看到小兔子和兔媽媽在一起，他不想打擾牠們。

　　湯普金斯坐在椅子上深呼吸一下，全身上下舒服極了。他到摩羅維亞已經3個多月了，這是他人生中最快樂的一段時光。現在看來，被公司解雇反而是最幸運的事。呃，這種說法也不太對，許多被解雇的人並不像他一樣有這麼好的機會。他幸運的轉折點不是被解雇，而是被萊克莎・胡莉安綁架。

　　池邊一陣水聲引起他的注意。水聲響過之後，又是一連串快速拍打翅膀的聲音，然後，只過了一會，從池邊一棵樹上傳來快樂的鳥鳴聲。湯普金斯小心翼翼地從背包裏拿出一本賞鳥書和一副望遠鏡，都是為了賞鳥而帶來的。他很快就找到了那隻鳥，跟書上的一模一樣。他翻到書末的空白頁，寫上「4月4日：綬帶翠鳥」。然後，他把書、筆和望遠鏡都準備好，等待別的動物出現。

　　雖然剛才他感到那麼滿意，並不意味著就沒有問題了。當然，問題總是有的。當你手下有一群天才的開發者時，就不可避免地會有些問題。在這一點上，摩羅維亞與他工作過的任何地方沒有兩樣。優秀的人才了解自己的工作，並且努力讓你知道他們了解自己的工作。有時候，他們也會惹些小麻煩，而身為他們的上司，湯普金斯也不得不忍受。從很久以前，他就學會了去讚賞——至少**試著**讚賞——那些即使是最令人討厭的人。

　　而且，當然了，他們還有進度的問題。如果他把契約終止的日期（明年11月）看成是最後期限，那麼他手中的專案有一大半很難在那之前完成。他樂觀地以為，一些比較小的專案可

以在那之前完成；但是，像PShop這樣的大型專案如果能在那之後的一年內完成，都算是幸運的。所以，至少在這個專案上，他必須想點辦法來省下整整一年的時間。

　　噢，對，不應該在這樣迷人的早晨擔心這些。他知道，這一天接下來，他將跟馬可夫准將以及貝琳達‧賓達一起，為這個問題腦力激盪一番。而現在，他大可以讓自己放鬆，為所有的事情都已經上了軌道而欣喜：在他的員工中有許多聰明絕頂的人，而且他們都樂於將自己的工作做好；他手下的兩個級別都已找到非常優秀的經理；真正優良的設備；還有最重要的，兩個他所遇過最好的同事。有了貝琳達和馬可夫准將，他知道自己已經組成了最佳的管理「夢幻團隊」。他已經習慣於依靠他們睿智的忠告和遠見。

　　回想起來，這是他在職業生涯中第一次可以放心把工作做到最好，因為不會有一個傻瓜在他頭上發號施令、規定嚴格的進度或是踐踏他的最佳決策──這種人只會把事情搞得一團糟。在湯普金斯說明了自己堅定的立場後，元首顯得相當明理，把權力都下放給他。在科撒奇見過元首以後，摩羅維亞的領導者幾乎已經變成了湯普金斯。看來，元首很樂意讓湯普金斯按照自己的方式來管理一切。一個全力支持自己的上司、一群有能力的員工、一份極具挑戰性的工作，還有什麼比這更好的呢？

　　湯普金斯收拾好背包，大步走向辦公室，腳步輕盈得像是在跳舞。走到辦公室的時候，他的感覺已不只是「滿意」，簡

直就是熱血沸騰。

他在辦公室門口碰到了瓦爾多。瓦爾多把他拉到一邊小聲說：「老闆，有件事要告訴你。」

「什麼事？」

「元首要回美國一段時間，去打理其他事情。看來他不會很快回來。」

「所以……」

「所以，他不在的時候，他委託一位貝洛克先生來負責。」

「喔。」

「是的，喔。」瓦爾多指指背後的門，「貝洛克先生在你的辦公室等你。」

湯普金斯點點頭，推門進去。在他的辦公桌後面，坐著一個身材矮小、看起來非常高傲的人。他們短暫地交換眼神，然後湯普金斯看到桌後的牆上瓦爾多放的倒數計時板。就在昨天下午，那裏顯示還剩607天，所以現在的數字應該是606。但是，現在上面顯示著：

到交付日只剩 420 天！

「噢，該死！」湯普金斯說道。

那個小個子遞給湯普金斯的名片上寫著「阿萊爾・貝洛克，國際事務部長、代理元首」。

「我想這應該足夠說明一切。」那傢伙說道。

「這不代表什麼。我直接對元首負責。」

「實際上不是完全直接。」貝洛克部長看來非常得意。他用一隻手捋捋自己油膩膩的頭髮，然後下意識地在外套上擦擦手：「至少沒有你想像的那麼直接。」

「我要等元首本人來證實。」

這個小個子低下頭，仔細地看著他的指甲。一個指甲下面有些黑色污垢，他抬起手，在下門牙上把它弄乾淨了。然後，他把手放下來，又開始研究指甲，眼睛抬也不抬：「噢，如果我是你，我就不會等。元首計畫在可預測的將來出國去。」

「他現在在哪裏？」

「他不在。湯普金斯先生——韋伯斯特……」貝洛克伸直手臂，掌心向上，一個「給我個理由」的手勢，「我看不出有什麼理由我們不該好好相處。我們應該。我希望我們能夠合作無間。你會發現，我是最通情達理的人。」他露出令人討厭的微笑。

「是的。」

「最通情達理，真的。而且我和**他**共事已經很久了。」

「好厲害哦。」

「現在是我在這兒，而他不在。明白我的意思嗎？」

湯普金斯搖頭：「我不敢肯定我明白你的意思。不過請繼續，繼續意思下去。」

「意思下去。」部長反感地重複這個詞。他仰頭望著天花板，他高尚的耐心又一次受到考驗。然後，他冷笑著盯著湯普

金斯：「非常簡單，在摩羅維亞的這次商業冒險中，我是**唯一**不可或缺的人。在過去，我一直負責商業上的事情，元首感興趣的**所有**商業事務。那個可愛的孩子——我應該怎麼稱呼他——在商場上可沒有那麼聰明。」

「他是個億萬富翁。」湯普金斯嚴厲地說。

「這正是我要說的。他沒有生意頭腦，但他還是成了全世界最富有的人之一。現在，你能猜到發生了什麼事嗎？」

「是你，毫無疑問。」

貝洛克又笑了：「謙虛妨礙了我得到**所有**這些榮譽。我是說，**他**在技術上的確有些本事，但是，我只想告訴你：如果沒有我的小小貢獻，他可能到今天還在做那些雞毛蒜皮的事。」

「我看得出來。」

「他有他的天賦，我有我的天賦，就這麼簡單。」

「嗯哼。」

「他缺乏的天賦之一就是，如何對為他工作的人傳達一種——我應該怎麼說——緊迫的感覺。」

「換句話說，你就比較擅長使用這種傳統的壓力。我說對了嗎？」

「完全正確，這是我的一種天賦。我希望我沒有顯得太不謙虛。」

「老天作證，完全沒有。我想你說的都是事實。」

「你明白了？我們相處得越來越好了。這應該比我想像的更容易。」

「我表示懷疑，不過請繼續。」

「好吧，就像我剛才說過的，我關心的是生意。現在，讓我們忘掉生意上的問題，你和你那些拿錢不做事的員工，還有這些無法容忍的成本，這些電腦、網路、集線器、衛星天線、高速數據機，還有其他不負責任的花費……」

「我們要忘掉這一切？好，我覺得這是明智的。」

貝洛克擠出一點點笑容：「好，你看我是多麼通情達理。我們會忘掉這一切，但我們不能忘掉的是延期所帶來的成本。」

「啊。」

「專案延期就要花錢，這你應該很清楚。你負責生產的六個產品都有既定的收益計畫。舉個例子吧，PShop專案最後要創造出……」他低頭看看攤開在面前的筆記本，「……每年3,800萬元的收入。當然，都是美元。」

湯普金斯知道貝洛克說這些話的意思，他陰鬱地盯著這個人。

「將取代Quicken的這個產品將帶來2,300萬美元，Paint-It 1,100萬，等等。加在一起，這六個產品應該每年為我們帶來大約16,400萬美元。除去原材料、銷售和行銷的成本，每年的淨收益應該是9,000萬美元多一點。你知道我想說什麼嗎？」

「當然。」他早就算過這些了。

「每年9,000萬，也就是說……」他在計算機上敲了一串數字，「每天246,575.34美元。取一個大概的數字，每天有25

萬美元的**利潤**。」他重重地吐出最後兩個字，然後又露出那個噁心的笑容。

「呵⋯⋯」湯普金斯打了個哈欠。

笑容消失了：「湯普金斯，你每浪費一天時間，就要花掉**我**25萬美元。還要我說得更明白嗎？」

「喔，不，已經夠明白了。我完全明白你的意思，你還沒開始說，我就明白了。」

「非常好，我們開始互相理解了。現在，在這六個專案上，我決定給你最小的一點點幫助，這可以刺激你和你的手下。我決定，對最後期限做一點點更動⋯⋯」

「沒有最後期限。」

「噢，我非常清楚。元首本人已經告訴我了，說你在這個問題上很有發言權，沒有最後期限。但是，實際上你已經給自己訂了一個最後期限——明年的11月。只不過這沒有公開，你當然也不想讓別人來強加給你，但是你的確已經把它作為試驗性的最後期限了。我是從你放在牆上那個有趣的小顯示板上知道的。」

湯普金斯做了一點讓步：「我們剛剛做完詳細的評估，我的確有希望在明年11月之前完成大部分的產品。」

「是的。所以，的確有一個最後期限。而現在，有一個新的期限：明年的6月1日。」

湯普金斯氣得臉都紅了。「太荒謬了！」他嚷道。

「一點都不離譜。也許這應該叫『有抱負』，可能還有點

野心。但是不離譜。」

「離譜過頭了。我們已經精確地衡量過這些專案，也對以前的生產效率做了非常合理的估計。就算有那麼一點點改善，我們也只能希望在明年的11月完成最小的幾個專案。像PShop這樣的專案一定會超過11月的。至於6月，想都不用想。」

又是那個「給我個理由」的手勢：「未必，未必。我肯定你能做到。實際上，我會給你一些最重要的幫助，以確保你成功。」

「我可不敢有別的要求。」

貝洛克站起身，走到畫著組織圖的白板旁邊。他在三個PShop專案周圍畫了一個圈：「我們在這裏發現了一些有趣的事情：有三個專案在生產同一種產品。還有這裏……」他又把三個Quirk專案圈起來，「三個專案生產同一種產品。還有……」他繼續在白板上圈出其他的專案組，「我想這就是你們所說的『專案管理實驗室』。漂亮，太漂亮了……但是請不要每天花我25萬美元來做這種實驗!!」

貝洛克走回桌子旁邊坐下。很明顯，他在努力使自己鎮定下來：「請原諒。我想剛才我的聲音大了一點。冷靜，阿萊爾，冷靜，冷靜。現在好多了，再冷靜些。你看，這些損失的利潤，一想起來就讓人非常生氣，尤其我又是那種特別敏感的人。」

湯普金斯先生暗自叫苦。

「現在，我們看到了。我想我們已經達成了共識，不是

嗎？你應該把三個Quirk團隊組合成一個『Quirk超級團隊』。有了更多的人手，你當然能更早交付產品。請注意，我讓你把團隊規模變成3倍，但是只要求你提前6個月交付，減少的時間還不到25％。用3倍規模的團隊來減少6個月的工程時間，我覺得這完全合理。這也就是為什麼我說我是最通情達理的人。還有QuickerStill團隊、Paint-It團隊、PShop團隊……」他又走到白板旁邊，把這些團隊合併成六個超級團隊。

湯普金斯深吸一口氣。也許是徒勞無功，但是他必須做點努力：「貝洛克部長……」

「阿萊爾，請叫我阿萊爾。」

「好的。」他放下自己的驕傲，「阿萊爾。你看，關於這些問題，我和我的助手，我們在過去幾個星期裏面已經想過很多了。比如說，我們知道像PShop這樣的專案很難按時完成，所以我們一直在想辦法縮短交件時間。很幸運，我們無意中發現了一種新技術，使我們可以模擬不同的管理決策，看看它們結果如何。這樣的模擬告訴我們一件事：添加人手並不總是能縮短專案的時間。問題在於，團隊有一定的吸收率，只能以一定的速度擴大。如果你想要他們擴大地更快，結果只會適得其反。而且，團隊中還存在互動損失，所以新成員的貢獻一定比老成員低。」

湯普金斯打開一個文件夾，抽出幾張模擬圖，那是他們過去幾天裏用賈米德博士的模型畫出來的：「如果我能找到那張圖……好，在這裏。看這個。」他把一次運行的結果展開給貝

洛克看，「目前，我們的PShop A專案有12個人，計畫是524個工作日。現在，如果突然把團隊增加到24個人，模擬的結果告訴我們：完成同樣的工作需要**更長**的時間。524個工作日不夠了，他們需要大約600天！」

貝洛克想打呵欠，不過他強忍住：「對，那又怎麼樣？」

「怎麼樣?!那樣我們就不能更早完工，而會更晚，就是這樣。」

「喂，湯普金斯，我根本不關心這些。把團隊合併起來，告訴他們新的發布日期。照我說的去做，確保每個人都知道：6月1日以後每延遲一天，我們就會損失25萬美元的利潤。」

「但是這沒有用，只會對員工造成傷害。如果你讓團隊人員過剩，只會損失更多的利潤。只會讓我們延期更多。我們本可以在524個工作日裏把產品交付給你，但是因為你的決定，我們將需要600天。」

「最後期限就是6月1日，不要再說了。我不想再聽關於交付日期的任何討論。」

「哪怕這個決定會使交付日期延後？」

貝洛克毫不幽默地笑著說：「湯普金斯，讓我講得再清楚一點。我要修改最後期限，我要給你們壓力，我要團隊合併。如果這會使交付日期延後，就讓它延後。」

「每天25萬美元的損失呢？」

貝洛克聳聳肩：「我們會有一些損失。但是，當你的團隊如你所料地在600天以後最終交付PShop的時候，我們就會開

始賺大錢。到了該論功行賞的時候，元首會公正地發現：如果不是我插手把PShop團隊合併起來，這個專案可能會磨個1,800天。」

長時間的沉默，湯普金斯咀嚼著他的話。最後，湯普金斯說道：「你已經講得很清楚了，現在我也要說明我的立場，你給我聽清楚。」

貝洛克吃吃地笑起來：「一個講原則的人，我喜歡。我們的湯普金斯先生想拿他的工作打賭了。」

「的確。只要有必要，每天都得賭。如果你不想拿工作當賭注，那你的工作就沒有存在的價值。」

部長把筆放在筆記簿上，無聊地轉著筆，一副得意的樣子說：「他想拿工作來打賭……但是他願意拿自己的**生命**來打賭嗎？」

湯普金斯目瞪口呆地盯著他：「你究竟是什麼意思？」

「一個小玩笑。」

「你是在暗示……？」

「這只是小小的幽默。」

「我不覺得這很有趣。如果你想幹這種事，我要你知道，在這方面我有自己的資源。」

「啊，可愛的胡莉安女士。是呀，如果到了那個地步，她會是個強大的盟友。她會的。很遺憾，她陪著我們偉大的領袖飛去美國了。這個消息真是讓我開心。我想，在以後的幾個月裏，我們都不會看到她回這兒來了……」

管理的「夢幻團隊」——湯普金斯、賓達和馬可夫圍坐在湯普金斯辦公室裏的咖啡桌旁。夕陽的餘暉已經消失，但是沒有一個人去開燈。他們靜靜地坐著，過了很長的時間。

馬可夫准將打破沉默：「他很危險，這個貝洛克。根本不用懷疑。另外，這是在摩羅維亞，會有很多人幫他幹那些壞事。我們有做這種壞事的優良傳統，我多麼希望這一切不會再出現。」這幾句話，他已經嘮叨好幾遍了。

「我感到最愚蠢的，」湯普金斯說，「就是我欣然相信自己終於找到了一份與政治無關的工作。我猜這個世界上根本沒有什麼工作是與政治無關的。」

「世界上根本沒有什麼工作是與政治無關的。」准將表示同意，「政治是所有經理的毒藥。」

貝琳達提出抗議：「嘿，蓋布瑞爾，這不是政治，這是惡意破壞。」

「但是總有政治因素的，」准將對她說，「每件工作都會受到政治的影響。而政治，經常也是另一種形式的惡意破壞。」

「我根本不同意這種說法。」貝琳達說，「政治是一門重要的學科。它是亞里斯多德（Aristotle）所說的五種重要學科之一，是哲學的五個分支之一。這五個學科是形而上學、邏輯學、倫理學、美學和政治學。政治這門重要的學科正是我們，我們三個，在過去幾個月裏面實踐過的。我們共同建立起一個社區，我們可以為了共同的目的遵守職業道德、和諧地在一起

工作。這就是政治。不要用亞里斯多德的那個美好的詞去稱呼貝洛克和他的立場，這太抬舉他了。」

「但是妳知道他的意思，貝琳達。」湯普金斯說道，「他指的是那種沒有內涵的政治，我們常用這兩個字去描述那種病態的政治。」

貝琳達點點頭：「是的，我了解，韋伯斯特。但是請準確用詞。我們三個是在試圖以亞里斯多德的方式來實踐政治，而貝洛克只是想成為一個業餘的雜種。」

馬可夫准將點點頭：「但是，一個業餘的人也能造成很多破壞。」

「那麼，我們該怎麼辦？」湯普金斯問道。

他們倆都盯著貝琳達，想從她臉上找到答案。過了一會兒，答案來了。「你們要知道，螳臂當車是沒有用的。」她和緩地說。

「對。」湯普金斯表示同意。

「對。」准將也表示同意。

長長的沉默之後，馬可夫准將清了清喉嚨，「我們為什麼到這裏來？」他問道。

「啊？」

「我們想做什麼？暫時忘掉那個雜種吧。我們到底想做些什麼？」

「就一件事：把工作做好。」湯普金斯先生說道，「我們要在這裏把工作做好，還要讓其他人也這樣。」

「是的。」貝琳達接過話頭，「我們還要學些東西。至少，在今天早上以前，讓一切變得有趣的正是專案管理實驗室的實驗。我們執著地學習某些真正基本的東西，關於專案的原動力、關於管理決策如何影響專案。這是我待在這兒的部分原因，我想你也是一樣，韋伯斯特。」

「對。最近兩個星期，我們模擬了實驗將可能證實的各種情況。我們將會得到非比尋常的結果，一個完全和諧的專案原動力模型，它可以指導我們和未來整個世界。」

准將身子前傾，一手搭在韋伯斯特的肩上，另一隻手搭在貝琳達肩上：「好了，我們不要放棄。想想我們來這兒的目的：做好工作，學習。我們要堅持下去。」

「但是如果我們堅持這樣做，怎麼可能不給韋伯斯特帶來危險呢？」貝琳達問道。

「我們不會給韋伯斯特帶來危險，因為我們要讓韋伯斯特完全照貝洛克的意思去做。」

「你的意思是讓我去把這18個團隊合併成6個超級團隊，讓他們都嚴重超編？」

「是的，因為你別無選擇。而且，你還必須公布6月1日這個最後期限，還要向大家宣布：任何的延誤都會造成數百萬美元的損失。你要去做，捏著鼻子也得做。」

「但是蓋布瑞爾，那我們怎麼把工作做好呢？」

「我們又能從這6個人員超編、不堪負荷的愚蠢團隊中學到什麼呢？」貝琳達補上一句。

「我們一直在犯一個錯誤：我們把這件事想得太絕對了。」准將對他們說，「一整天下來，我們一直認為：要麼按照自己以前的計畫來做專案，保留我們的專案實驗室；要麼就向那個雜種投降。這就是我們的錯誤。這兩件事不見得是『或』的關係，也可以是『和』的關係。」

「解釋一下。」

「對，請解釋一下。」

「我們把專案合併起來，把三個QuickerStill團隊合併成一個。這會給我們帶來一個人員超編的團隊和兩個無所事事的經理……」他不再說下去了。

「啊。」韋伯斯特說道，「我知道了。我們可以設一個人力庫，把暫時沒有工作的人吸收進去，然後在裏面開兩個新的團隊，讓兩個沒事幹的經理去管理。對於其他的產品也是一樣。然後，我們又重新得到了每個專案的三個團隊。」

「就是這樣。」

「只是新團隊會落後幾個月……那又怎樣？」貝琳達看起來高興多了，「我們已經學到了很多東西，還有模擬模型指導著我們。我們還可以把以前B團隊和C團隊的工作成果拿給新的團隊去開發，我想這會有效果。我想這會成功，蓋布瑞爾。你覺得呢，韋伯斯特？」

湯普金斯想了一下：「當然，有可能成功。不過我們必須小心，B、C團隊必須保密，不然會惹火貝洛克。」

准將笑著說：「交給我吧，我的朋友，我可是保密的專

家。在以前的摩羅維亞，這是一項重要的技術。」

「在新的摩羅維亞也是一樣，」韋伯斯特補充道，「我們現在也看到了。」

「那麼，我們就要讓韋伯斯特手下所有B團隊和C團隊的經理都搬到蓋布瑞爾那棟樓裏面去，重組他們的專案，而且還要把他們藏起來。」

「對。不過我發現一個問題。」

「什麼，韋伯斯特？」

「B或C團隊很可能比A團隊早一步完工，從模擬器上就可以看出來。如果真的發生這種事，貝洛克就會發現自己完全是在多管閒事：他那些人員超編不堪負荷的團隊將被我們這些小型的團隊打敗。他絕對不會忍氣吞聲的。」

「所以我們就不要告訴他。」貝琳達提議，「我們只管發布產品，然後告訴全世界：是貝洛克部長重組的超級團隊這麼快完成了工作。沒有他的干涉，我們需要3倍於此的時間。」

「但是這也太可怕了。」湯普金斯說，「所有的榮譽都給錯了人。」

「但是我們都知道，我們的員工也知道，那還有誰在乎呢？只要貝洛克不知道就行。」

「她說得對，韋伯斯特。」馬可夫准將說，「記著我們為什麼要來這兒：把工作做好，學習。我們不會妨礙這個雜種，這只是個小問題。他每天都會得到他想要的。」

「嗯。」湯普金斯也感到好多了。是不是能成功，他還不

敢肯定。但是，至少做些事總比直接投降要好。「當然，你們
是對的。我們就這麼做。」他最後說，「這樣，專案管理實驗
室得救了，至少在目前。我有一種感覺，我們會學到一些根本
沒有想過的東西：在離開的時候，我們會充分了解超編的團隊
會對專案造成怎樣的傷害、什麼程度、以什麼方式。好吧，朋
友們，打起精神來，還有工作要做呢。」

很晚了，湯普金斯跌跌撞撞地回到住處，走進自己的房
間。換上睡衣，他真想直接就上床睡覺——現在已經凌晨兩點
多了。不過，他還是在床邊的小桌旁坐下，提起筆：

「病態的政治」

- 每一天，你都必須準備拿自己的工作去當賭注……
- ……但是這也不能保證「病態的政治」不會影響你。
- 「病態的政治」可能在任何地方出現，哪怕是在最健
  全的組織裏面。
- 「病態的政治」的特徵：對個人權勢的渴望超過了組
  織本身的目標。
- 即使這種不合理的目標與組織的目標完全相反，它也
  可能出現。
- 「病態的政治」最惡劣的副作用是：人事精簡的專案
  可能會受到壓力。

　　他又看了一遍自己寫下的東西。最後一條是最讓他沮喪的。他們用賈米德的模擬器用得越多，就越清楚認識到：非常小的團隊能夠產生非常大的物質生產力。有時候，小型的團隊可以在很短的時間內創造奇蹟，這是大型團隊望塵莫及的。但是，小團隊不可能得到足夠的政策支援。通常你不敢嘗試讓四、五個人去創造奇蹟。如果你試了，失敗了，總會有事後諸葛說：「如果你加了12個人，專案早就成功了。」在這種環境下，經理只好作出唯一安全的選擇：任由團隊超編。儘管在他們的內心深處完全清楚：這樣做根本是錯的。

12

數字狂

　　在貝洛克部長突然下達命令之後，湯普金斯他們就把每天的大半時間都用來面試挑選新團隊的成員。這項工作進行得比預期的要快，因為有6個產品經理和12個最近沒事做的B、C團隊經理的幫忙。他們分成7個三人小組，穿梭在馬可夫准將的員工之間，尋找最好的人。遺憾的是，最具天才的人都已經被他們在1、2月的面試中挑走了。畢竟，他們一直都在尋找員工中的菁英，而且毫無疑問，這些菁英幾乎都已被找出來了。現在，這些優秀的開發者組成了6個A團隊：

產品	A團隊	
	經理	員工人數
Notate	卡諾蒂	35
PMill	格拉底希	33
Paint-It	阿爾維斯	48

產品	A團隊	
	經理	員工人數
PShop	奧里克	60
Quirk	博斯特	42
QuickerStill	格羅斯	26

　　按照他們的判斷，所有的A團隊都是嚴重超編的。他們注定會失敗。但是，這並不代表湯普金斯可以把他們扔在一邊不管。他仍然必須管理這些經理，單單這件事就會用去他一大半時間。在公開的組織圖上，他直接領導這6個A團隊的經理。當然，他們在這張圖上動了手腳，這是為了瞞過貝洛克。真正的組織結構跟巨變發生之前差不多，6個產品經理和馬可夫准將都直接向湯普金斯彙報工作。

　　跟以前一樣，6個產品經理每人負責3個專案團隊：重組之後的A團隊，以及新組建的B、C團隊。完成人員編制以後，他們總共有18個獨立的專案：

產品	產品經理	A團隊		B團隊		C團隊	
		經理	員工	經理	員工	經理	員工
Notate	切爾西	卡諾蒂	35	宮富	10	塔奇	4
PMill	阿爾伯	格拉底希	33	勒圖	8	奧利昂	4
Paint-It	波戈	阿爾維斯	48	索姆廷斯	11	內弗爾	5
PShop	波基平	奧里克	60	伊斯貝克	16	阿特貝克	7
Quirk	赫斯巴	博斯特	42	阿菲爾斯	12	卡巴克	5
QuickerStill	沃爾科利	格羅斯	26	卡塔克	3	馬克莫娜	6

湯普金斯和A團隊駐紮在宏偉而醒目的愛德里沃利1號樓裏面。准將在愛德里沃利7號樓找了個地方，6個產品經理和B、C團隊就藏在那兒。

就在萊克莎突然消失後第三週的一個早上，湯普金斯發現在信件裏有一張輕鬆活潑的明信片，是她寄來的。明信片的圖案是一群學生圍著一位街頭音樂家，他幾乎可以確定那是在哈佛廣場。背面是她娟秀的字跡：

親愛的韋伯斯特：

我在這兒，在麻州發現一家有趣的小公司。他們從事的是度量（measurement），度量所有東西，特別是軟體。他們有一種特殊的方法，可以完全從外部判斷軟體產品的大小，度量的結果用他們所說的「功能點」（function points）來表示。當然，我立刻就想到了你。

我已經和他們的顧問約翰·卡波諾斯先生聯繫過了，他會去拜訪你。

祝一切都好！

萊克莎

過了幾天，湯普金斯收到一張從「劍橋」公司發過來的傳真，要他第二天早上到瓦斯喬普機場去接約翰·卡波諾斯。飛機到了，第一個走出來的是一個看來很親切的男人。他的眼睛

閃閃發亮，好像身體裏的時鐘跑得比普通人快一倍。而且，他說話的速度也的確比普通人要快上一倍。

他說話就像機關槍蹦出來的子彈一樣：「你估計在摩羅維亞有多少程式設計師？」當他們坐在轎車裏的時候，他問湯普金斯。

「呃，我不太清楚，不過……」

「2,861。這是今年的統計數字。你估計有多少台電腦？」

「嗯……」

「工作站只有3,000台多一點，其中36%的作業系統是Mac、55%是Windows、8%是Unix，其他的是混合型。12台網路伺服器，160部手持管理器，幾台老式的大型主機，絕大多數是軍方在使用。」

「哦。」

他衝著湯普金斯微笑：「我從來沒到過摩羅維亞。這兒很美，不是嗎？」

「是啊。」

「室外白天平均氣溫華氏78度，也就是，我算算，攝氏25.6度。平均年降雨量66.8英吋……就是說，我敢打賭，他們在這兒能釀出最好的酒。」

「的確是好酒。」

「而且一定有很大的產量，大概每年有5,800萬升。這相當於新英格蘭地區加上紐約州——可能還要加上賓州——每年的葡萄酒進口量。並不是說美國東北部的人特別能喝……其實

每個人每年只喝大概4.2升。當然，並非所有這些都是進口的，進口酒只有38%。」

湯普金斯聽得只能傻傻地點頭。

四個半小時之後，約翰·卡波諾斯又走了，送他去機場的是瓦爾多。他要馬上飛去安卡拉，同一天晚上還必須到赫爾辛基。然後，第二天他要到都柏林，接著去南美進行五國的巡迴演講。

湯普金斯的辦公室像是剛掃過龍捲風一樣。手冊和報表胡亂翻開著，便條紙上寫滿了算式，白板上也寫滿了字。湯普金斯正在努力把早晨極其激烈的工作中遺留下來的東西整理起來，加上注解。在一個角落裏，馬可夫准將躺在一張折疊椅上，似乎還沒恢復過來。

湯普金斯也還沒有從震驚中完全恢復過來。這是他這麼多年以來過得最充實的一個早晨。當然，他也不想再經歷這樣一個早晨了，連一點休息時間都沒有。但是，在這個緊張的早晨，他們得到了一個非常有趣的結果：約翰·卡波諾斯用他那獨特的潦草筆跡寫下一張緊湊的資料表。這張表在活動掛圖上只有一頁，他們把這一頁掛在桌前的黑板架上。它描述出6個軟體產品的規模：

產品	規模
Notate	3,000功能點
PMill	2,200功能點
Paint-It	3,800功能點
PShop	6,500功能點
Quirk	3,200功能點
QuickerStill	1,500功能點

「嗨，各位。」這是貝琳達·賓達。她錯過了早晨的會議。「嘿，看起來好像你們已經享受了美好的一天囉？誰把這裏搞成這樣的？」

「一位約翰·卡波諾斯。」湯普金斯先生告訴她。

「噢——我聽過這個人。聽說他有無窮無盡的能量。」

湯普金斯先生和准將贊同地點頭。

貝琳達轉頭盯著活動掛圖：「『功能點』是什麼東西？等一下，別回答。我想我還沒必要馬上知道。」過了一會，她回過頭看著他們，兩眼發光：「哇，太漂亮了。蓋布瑞爾，韋伯斯特，你們還不知道我們得到了什麼吧？」

准將搖頭：「我覺得它會很有用，我覺得它是個好東西。但是確切地說……」

貝琳達高興得快跳起舞來了：「太漂亮了，太漂亮了！想想看，它和我們以前畫的模型有什麼關聯？我們曾經畫出流動模型，」她走到牆上釘著的一個模型旁邊，「容器被管道抽空，流過閥門。但是，流動著的究竟是什麼？在我們的模型中

移動的是什麼？在容器裏放的又是什麼？」

　　「我不知道。」湯普金斯對她說，「完成程度？」

　　「或者品質。」准將補充道，「工作的某種抽象的量化指標。」

　　「不，你們這兩個傻瓜。在模型中流動的就是功能點。你們看！」她把活動掛圖翻到空白的一頁，拿起一支筆，「看看這個。」她飛快地畫著。

　　「我們完全可以用這種方式來觀察每個專案。從最粗淺的層次上來說，專案就是一個閥門。」她用筆敲著圖中間的閥門，「在左邊，有一個待開發產品的容器；在右邊，有一個已完成產品的容器。開始的時候，右邊是全空的，因為我們什麼都還沒做；而左邊則裝滿了功能點。多少？呃……」她翻回去看卡波諾斯的資料，「比如說，Notate 專案有3,000個功能點。」她把這個數字寫在左邊的容器旁邊。

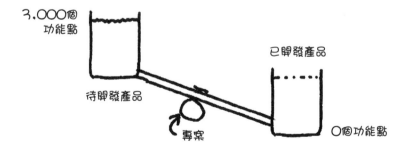

　　「現在我們很自然地要對『專案』這個閥門做進一步的分解。我們建立模型的依據是團隊、人員劃分、壓力影響、最後

期限、人員水平、關鍵路徑延遲……這些東西。所有這些，我們都會用更低層次的管道、閥門和容器來模擬。現在，當我們在跑專案時，左邊的容器慢慢就空了，功能點通過『專案』這個複雜的閥門或者閥門網路流到右邊的容器裏。當所有的功能點都流過去的時候，專案就完成了！」

在下午剩下的時間，他們聚集在湯普金斯先生的辦公室裏，重建卡波諾斯給他們看過的規模度量演算法。另外，他們還在努力解決卡波諾斯早上扔給他們的一大堆資訊。在進行計算的時候，卡波諾斯習慣快速地從嘴裏蹦出一些資料，例如「1994年美國的軟體平均成本是每個功能點1,050美元」，或者「軟體維護工作平均每500個功能點需要一個維護者」，或者「未除錯的程式碼每個功能點會潛藏著5.6個錯誤」。湯普金斯拼命地在索引卡片上記下來，但還是趕不上他吐出這些數據的速度。現在，他們把這些卡片排序，在裏面尋寶。

「我們現在不知道的是，」准將有些氣餒地說，「我們組織的生產力有多高。看看卡波諾斯給我們的這張圖裏的變化範圍：從每月2個功能點一直到90個。但是我們有多少？」

「我也不知道。」湯普金斯說。

「但是也不是不能算出來。」貝琳達說。

「當然，只要有一點時間。」湯普金斯先生表示同意，「到我們的第一個專案完成的時候，我們就能得到資料。再稍晚一點，就會有更多的資料。今後幾年，我相信我們一定可以

回答蓋布瑞爾的問題。我們會知道組織的平均生產率，以及變異程度。我們可以按照專案規模、團隊規模或者任何想要的方式來排列這些資料。如果我們現在就有這些資料……」他閉上嘴，想像著那種美好的情景。

「來吧，各位，我們不必等上兩年。」貝琳達像看小學生一樣看著他們，「下個星期，我們就能得到資料。」

「噢，我非常想知道怎麼做才能得到資料！」湯普金斯著急地說。

「是啊，貝琳達，請告訴我們。」

「看，這兒有以前的專案，許多專案。」

馬可夫准將搖著頭：「但是我們沒有資料，貝琳達。沒有資料，幾乎一點都沒有。」

「我敢確定，你們有工資資料。」

「嗯，當然有。我們得付工資，然後做記錄。」

「所以我們可以知道專案耗費的時間。另外，我們也知道他們當時在做的專案。如果我們記不得了，可以去問他們。」

蓋布瑞爾退了一步：「我想我們可以確定每個專案耗費的人月（person-months）量。我們不知道他們當時做的工作，但是可以還原總成本，可以知道每個專案用了多少個人月。」

「那就夠了，我們只需要總數。然後，我們把它和專案產品的功能點規模聯繫起來。」

湯普金斯還沒弄清楚：「我們到底能得到什麼？」

　　貝琳達嚴厲地盯著他，留一點時間讓他自己找答案。這緊張的一天已經耗盡了他的精力，他幾乎無法保持清醒了。正當他打算承認自己有多累的時候，瓦爾多，這個最佳辦公室助理，打開了門，推進來幾杯摩羅維亞咖啡。「啊，咖啡。」湯普金斯對他的這次打斷感激得不得了。啊，暫時解脫了。

　　「觀察這些以前專案生產的產品，我們就可以計算出它們交付的功能點。我們可以把卡波諾斯的方程式用在這些產品上。」貝琳達自己拿了一杯咖啡，「工作量很大，但我們能做到。」

　　「我們哪有時間去做這些？」湯普金斯抱怨說，「我們有一大堆工作等著要做呢。」

　　貝琳達咧嘴一笑：「嘿，我們是整個企業的頭兒，不必什麼工作都自己做。我們可以組建一支度量團隊，教他們如何計算功能點、如何挖掘工資資料，讓他們去做這些事。」

　　他還是沒有被說服：「那我們能找誰來接這項任務呢？我們需要一個資料恢復專家……」

　　「考古學家。」貝琳達糾正他，「這完全是考古工作。他唯一的工作就是踩著死亡專案的骨頭，來重新建構出以前的圖像。」

　　「好吧，考古學家。我們又上哪兒去找個軟體考古學家呢？這傢伙不但要能挖掘資料，還要了解整個組織、了解下一個接手這些資料的人。我們上哪兒去找這樣的人？」

　　准將也笑了：「驀然回首，那人卻在燈火闌珊處。」

「什麼意思，蓋布瑞爾？」

「就是說，在鼻子底下找找，韋伯斯特。」

在他的鼻子底下，辦公桌上，散亂地堆著索引卡片和資料表。瓦爾多正忙著把這些東西堆放整齊。「什麼？我的鼻子底下有什麼？」

「瓦爾多。」

瓦爾多抬起頭來：「我？還有我的事嗎？」

「他是最合適的。」准將說，「你最合適做這份工作，瓦爾多。你想要份新工作嗎？」

「什麼工作？」

「度量組經理。」

「我？經理？」

「呃，我不知道……」湯普金斯開口了。想到會失去瓦爾多，他感到有點心慌：「雖然他有多方面的才能……」

貝琳達大步走過來。「當然。」她說，握住了瓦爾多的手，「當然你做得到。恭喜你，瓦爾多。喔，你是個經理了。這可是真的。我們的那支小小魔杖，就是你了。」

「但是……」

「難道你看不出他有多適合嗎，韋伯斯特？他一直在這裏，他完全了解每個人。我懷疑這七棟樓裏面還有沒有人沒跟瓦爾多打過交道。而且他最擅長跟人打交道，每接觸一個人，他就多交一個朋友。你也看到了，不是嗎？他是最適合這份工作了。」

　　湯普金斯的確看到了。他苦笑著認命了：「當然。我只是不想失去他，如此而已。」

　　「我們不會失去他，只是把他放到能充分發揮他天分的崗位上去而已。那正是我們管理者應該做的。讓一個人發揮自己的能力和才幹，他就會發光。這正是管理的全部精髓。」

　　「嗯，我要做什麼？」瓦爾多想知道。

　　「我會讓一個優秀的統計學專家去幫助你。」馬可夫准將補充說，「他精通統計學就像朱麗婭・查爾德❶精通食物一樣。我們還會送給你一個程式分析師，可以給你的團隊補充必要的技術。」

　　「嗯，還有什麼？」

　　湯普金斯對他說：「我想你剛剛升官了，瓦爾多。恭喜你，你現在是度量組的經理了。」

　　貝琳達又多待了兩個小時，幫助湯普金斯帶瓦爾多入門。結束時，瓦爾多已經很能掌握計算功能點的要領，並且有了整個軟體考古研究的計畫。他自信地告訴他們，不超過一星期，他就會帶著第一個專案的資料回來見他們。

　　貝琳達和韋伯斯特一起在市中心吃了晚餐，然後回到港邊貝琳達睡覺的小公園。他很高興看到，貝琳達似乎已經從懶散的生活中恢復過來了。但是，她還是保留了一些怪癖：她還是

---

❶　譯註：Julia Child是一位著名的廚師，擅長法國菜和甜品。

不肯穿鞋，也不肯睡在室內。當然，在這樣的一個晚上，也不難理解她想要睡在外面。現在公園平和安靜，沒有什麼人造光，天上的星星顯得特別亮。

「一天當中竟能發生這麼大的變化。」他對她說，「這是我們幸運的一天，因為約翰‧卡波諾斯來了。如果要我們自己有這麼大的進步，不敢想像需要多少時間。今天，我們真的學到了很多。」

「的確。他做了我們思考的催化劑。但是，整個下午我都在懊惱我自己。」

「為什麼？」

「為什麼我們要等他，韋伯斯特？我們本應該在幾個月以前就去做這些事，但是我們沒有。我真感到羞愧。」

「好了，我們需要他的功能點的概念。對我們來說那是一個重要的發現。」

「我不是不承認它的重要性，我只是想說：即使沒有它，只要自己勤快一點，我們自己也能做的。」

「我不知道應該怎麼做。」

「想想看，即使我們沒有客觀的測量規模大小的方程式，我們至少可以做一些近似的計算。比如說，我們可以研究出一套相對度量的計畫。」

「例如？」

「呃，比較不同產品的規模。比如說，我們假定QuickerStill是一個100『加魯伯』大小的軟體，那麼，難道我們就不能算

出Quirk有多少個加魯伯嗎？難道我們不能算出Quirk的規模是QuickerStill的幾倍嗎？這的確需要估算，但是如果把我們的智慧加在一起，我覺得我們應該可以得到相當好的評估結果。」

「如果QuickerStill有100加魯伯，我猜Quirk也許應該有250個。」

「差不多。PShop應該有500或600個。」

「但是這些都只是憑空想出來的數字，只是直覺。」

「是的，但是只要我們把這些數字憑空想出來，寫在紙上，它們就會越來越準確。我們會被迫精煉自己的『加魯伯』的概念，然後發明出我們自己的功能度量演算法。」

「我很難想像完全靠我們自己發明出功能點這樣的基礎概念。卡波諾斯和他的同事已經研究好多年了。」

「嘿，他要解決的問題比我們要解決的問題困難得多。他想發明的是適用於任何地方、任何軟體的度量方法，他必須關心數百個變數，這些變數在全世界會有各種變化，但是在這裏不會變。我們的問題簡單多了。我們需要的只是某種有用的規模度量方法，只用於愛德里沃利。」

「我甚至不知道該從哪裏開始。」湯普金斯說。

「功能點是一個人造的度量單位，就像美國國稅局編碼中的『稅級』一樣。你無法直接衡量它；你需要衡量其他的東西，然後透過某個方程式，從中派生出人造單位。這個『其他的東西』，在功能點這個例子裏，就是軟體的一些可計算的特性。從外部來看，它可能是輸入輸出流、資料庫段、資料元

素。任何人造度量單位都必須依賴這些原始度量單位。」

「是的……」他看不出這代表什麼。

「但是，我們必須想到：可以從這些原始度量單位導出某種人造單位。然後，我們可以做些軟體考古研究，從過去大量的專案中蒐集這些原始資料……」

「啊。」他終於明白了，「然後，我們只要做多元迴歸分析，找出原始資料的組合與工作量的相關性就行了。」

「對。某些特定的組合會有最好的效果，因為它們對相關工作的干擾最少。這些就是我們的單位，加魯伯，或者『摩羅維亞標準工作單位』，或者『愛德里沃利』，或者隨便什麼我們喜歡的名字。」

「我明白了。妳說的沒錯，我們應該自己就能完成這些工作了。」

「在卡波諾斯來以前，我們應該已經蒐集好了原始資料，已經開始使用我們自己的人造度量單位。然後，毫無疑問，他會告訴我們一種更好的找出人造單位的方法。為了利用新的標準，我們會把單位從加魯伯轉換成功能點，因為它很可能是更好的度量單位。但是在這種情況下，改進只是少量的。我們應該早在幾個月前就開始使用一種相當合理的度量方法，並從中獲益了。」

「妳說的對。我們早就該做完這些了。當約翰・卡波諾斯向我解釋了之後，這就簡單得像人臉上長著鼻子一樣。但是在此之前，我們一直沒想到這一點。」

「我們應該感到羞愧。」

「不。因為他很優秀。有一種人能指出本來很明顯但是人們一直看不見的事情，但是這種人卻不能把工作做到最好。他們能看到我們這些人看不到的、根本的事實，他們可以幫我們看到這些事實。」

長時間的、輕鬆的間歇，他們肩並肩地坐著，欣賞著美麗的夜空。

「從這裏你可以看到流星。」過了一會兒，貝琳達遙指著愛奧尼亞海說道，「盯住綠色導航燈的上方大約20度。」

她讓他把臉轉向大海。韋伯斯特看著綠色導航燈的上空，就像她說的那樣。他放慢了呼吸，放鬆了肩膀。夜，幾乎完全寂靜了，唯一的聲音就是貝琳達在他背後發出輕微的沙沙聲。突然，一道長長的亮線劃破了夜空。「噢──」

「你看到流星了嗎？」

「是呀。」

「這兒每天都有。有時候，我在睡著之前能數到十幾顆。」她在他身邊鋪下一塊布，坐在上面，身上穿著法蘭絨睡衣。他沒有想過貝琳達睡覺時穿什麼，但是不知怎麼，他總覺得不應該是法蘭絨睡衣。

她在布上躺下來，蓋一條薄毯子，把手擱在頸子下面，兩眼直盯著夜空。時間靜靜地流逝，兩人都沒說話。最後，貝琳達告訴他自己在想什麼：「這都是為什麼，韋伯斯特？我們在這兒幹什麼？我已經40多歲了，還是不知道該拿自己怎麼辦。

人生怎樣才能滿足？幫助一個剛剛脫離蠻荒的小國家，發展世界級的軟體產業，我們就滿足了嗎？這很有趣，我知道，但是有那麼有趣嗎？有那麼重要嗎？」

「我想是的。但是我知道妳的意思。有時候，我也會想這些。」

「我們在幫助一些優秀的年輕人開創自己的職業生涯，並活得有尊嚴……」

「而且我們沒有做任何壞事，沒有增加污染，也沒有製造軍火。」

「是。但是我還是想知道，我到底為什麼來這兒？」

「我不知道。也許有些事情我們永遠都不會知道。再說，那又有什麼關係？」

「有時候，我想做一番驚天動地的大事業。然而，有時候，我只想做一個平凡的小人物，默默地幫助我身邊的人。還有些時候，我甚至想做些離經叛道的事情，讓全世界嚇一跳。」

「到底該做些什麼？大哉問。」

「或是上面這三種事情我都去做。也許我們每個人都必須找到自己的平衡點。你覺得我們的職業選擇就這麼簡單嗎，韋伯斯特？找到你自己的平衡點？」

「我喜歡這說法。我們都是空間中的一個點，三條坐標軸定義了我們的位置。這三條坐標軸就是這三種生活方式。」

「米開朗基羅在哪個部分？德蕾莎修女在哪個部分？還有

……」

「密爾頓・貝爾利❷。」

「密爾頓・貝爾利。」

他又一次望向夜空，盯著綠色導航燈的上方，想看更多的流星。他只要把目光固定在那兒，流星就不斷地出現在眼前。他又看到了三顆流星，貝琳達的呼吸已經變得平穩而深沉。他躡手躡腳地走到一旁，免得吵醒她，然後在曼妙的夏夜裏慢慢地走回住處。

湯普金斯先生的日記：

度量

- 度量每個產品的規模。
- 不要執著於單位——在等待客觀度量的時候，先用你自己的主觀單位。
- 從所有能得到的原始資料（一些可計算的軟體特性）自己建立度量單位。
- 從已經完成的專案中蒐集原始資料，以推導出生產力趨勢線。
- 不斷修正你的度量方程式，直到它的計算結果與原始資料庫中的專案工作量有最好的對應關係。

---

❷ 譯註：Milton Berle 是一位著名的喜劇演員。

- 借助資料庫畫一條趨勢線,把預期的工作量表示為人造度量單位的函數值。

- 現在,針對每個待評估的專案,計算出人造度量單位值,並根據這個值在趨勢線上找到預期工作量的值。

- 用生產力趨勢線周圍的噪音水平,來反映預測的允差範圍。

13

流程改善

從一開始，元首就下令把與Quicken相似的產品叫做
QuickerStill，這個名字被開發團隊牢記在心。當然，直接的結
果就是必須提高這個產品的性能要求，讓它能與這個名字相
稱。湯普金斯先生也這樣要求，因為他也很喜歡這個名字，它
暗示著這些專案的進度將比預期的「還要快」，也許比那個討
厭的貝洛克部長強加的那個倒楣的最後期限還要早些完成。坐
在辦公室裏，韋伯斯特盯著頭上的倒數計時板，上面寫著：

到交付日只剩 345 天！

從現在到明年6月1日只剩下不到一年的時間了。作為這6
個產品的最後期限，貝洛克的這個日期完全是愚蠢可笑的。現
在，他們已經知道了愛德里沃利過去5年內製造的所有產品的
平均生產率：每個人月不到5個功能點。而且那都是一次性的
產品，不必像商業軟體那樣面臨嚴苛的市場要求。湯普金斯知

道，在他們目前的情況下，只要能達到每人月超過3個功能點的生產率就算不錯了。這也就是說，像PShop這樣的產品至少需要3年的時間才能出廠。3年的時間，從去年冬天專案啟動算起，今後還需要六百多天的時間才能完成。任何一個PShop團隊都不可能在貝洛克的最後期限之前完工。

儘管湯普金斯知道比較大的專案——PShop、Paint-It和Quirk——已不可能在最後期限前完工了，但是他還抱著一點點希望，希望某個QuickerStill專案能在那之前完成。那是他給自己設定的一個挑戰。如果他們做到了，湯普金斯還是可以認為自己在摩羅維亞的整個事業是成功的。

他愉快地玩味著這個想法，不知不覺地坐了良久。就算有貝洛克搗亂，他還是能獲得一定程度的成功，這該有多偉大！想得越多，他就覺得越舒服。現在，他們已經面對過了貝洛克那個可怕的時間表，起碼最壞的已經過去了。不管怎麼說，還有比這更糟糕的事嗎？

比爾齊格女士——代替瓦爾多的那位慈祥的個人助理——滿臉愁容慌慌張張地衝進他的辦公室：「噢，老闆，出事了，你一定得去看看。摩羅維亞軟體工程學院派來了一個代表團，他們說要來檢查專案組。」

「我們在執行貝洛克部長的特別指示。」檢查組的組長對湯普金斯說，「他剛剛下達了命令，所有的專案都必須在嚴密監視下進行流程改善。按照評估，他們現在是CMM 2級，貝

洛克部長要求他們到年底時達到3級。這是他的要求，沒有條件可講。」這傢伙擔心地搖搖頭：「我不知道能不能做到，但是他說必須做到。」

「能不能做到，這根本**不是**我最關心的。」湯普金斯告訴他，「我考慮的是，叫整個團隊去做流程改善，會浪費我們多少時間？我們會超出最後期限，你知道的。」

檢查組長自信地回答說：「呵呵，我倒是不太擔心這個。流程改善可以提高團隊的生產力，我們還是從美國人那兒學到的。CMM水平提高一級，你的生產力就可以提高24%。」

「我不敢苟同。就算真是這樣，也沒法保證提高的24%生產力能在最後期限之前起作用。」他回想起赫克特·尼佐利說過，不會有「短期生產力提高」這種事情。「我們都知道，流程改善計畫需要時間，很多時間。所以，在短期內，我們會損失生產力。」

這傢伙聳聳肩：「但是在長期來說⋯⋯」

「是的，我知道。從某一天開始，也許是在改善計畫結束一年以後，一些你曾經說過的好事也許就會開始出現了。這個流程需要花多少時間？」

「也許要10個月。每星期我們會跟你的員工交流一天，也許只要半天。」

湯普金斯長歎了一口氣。不用去跑模擬程式，他也知道這會對進度造成什麼影響。「你的任命狀呢？你是只改進六個專案的流程呢，還是整個組織？」

「呵呵，整個組織。這是貝洛克部長的命令。」

「我知道了。」

「對不起，湯普金斯先生。我看得出來，這不是一個受歡迎的消息。但是，請把眼光放長遠一點，我敢保證……」

湯普金斯厭惡地搖頭。

「好吧，也許這個消息會讓你振作起來，湯普金斯先生：實際上我們根本沒有準備好啟動流程改善計畫。在開始之前，我們大概還需要6個星期的時間。」

「那麼，今天來這麼多人是幹什麼的？」

「我們只是檢查組。我們馬上可以做的事情就是檢查你的組織是不是滑到了CMM 2級以下。所以，我們想進去看看，確定每個人都確實按照幾年前認證的那樣執行流程步驟。」

「我明白了。」

「雖然來了這麼多人，但檢查愛德里沃利一號樓就會花掉我們大半天的時間。然後，我們會在本週和下週檢查其他樓裏的人。」

這一天結束的時候，檢查組長和幾個副手在湯普金斯的辦公室碰頭了。他們還帶來一位看起來有點害羞的比格斯比·格羅斯，QuickerStill A團隊的經理。馬可夫准將在辦公室裏。

檢查組長作了報告：「你看，這就是我們的發現，湯普金斯先生。還不錯，真的，但是有人違背了流程，這讓我有點苦惱。就是這位格羅斯先生和他的團隊。」

「我敢肯定他有他的理由……」湯普金斯開口了。

「呵呵，你知道，違背標準流程的人總是有好理由的。去年，軟體工程學院把你的團隊評定為CMM 2級，也就是說，你的流程和每個專案中人員遵守的規程都是可重複的。這就是CMM 2級：可重複級。不管你的方法是好是壞，是完美還是不完美，起碼你每次都使用同樣的方法。現在，愛德里沃利一號樓裏大多數的人都這樣做。我們看了這6個專案，6個專案都還處在需求分析階段，其中5個都在按照一貫的標準流程進行需求獲取和編寫文件，只有QuickerStill專案除外。格羅斯先生似乎完全拋棄了可重複的流程。他的團隊還沒結束文件工作就終止了需求分析，直接進入了設計階段！」他說話的口氣，好像這是違反人道的犯罪行為一樣。

「我敢肯定他有他的理由。」湯普金斯又重複了一遍。

「我的確有。」格羅斯說道，「我有非常充分的理由。你們看，這個專案跟我們以前做的專案根本不一樣。這個專案是要模仿一個大家已很了解、文件也很齊備的商業產品，Quicken。我們有那個產品所有的文件，根本沒必要再去建立一份需求規格……」

「沒必要建立需求規格！」檢查組長氣急敗壞地叫道，「我從來沒見過哪個專案是不需要建立需求規格的。永遠不會有。每個專案都必須建立良好、全面的需求文件。每個通過軟體工程學院CMM 2級認證的專案，都必須使用與以前一樣的方法和符號來建立需求文件。這正是可重複流程的意義。」

「但是這個專案不同！」格羅斯都快哭出來了。

「所有的專案都不同。」檢查組長頂了回來，「它們都不同，每個都不同。但我們還是使用同樣的流程。」

湯普金斯鼓起勇氣插話：「但是如果某個專案有些特殊的東西沒有必要遵守這些認證的流程呢？」

「不管怎樣我們都要遵守。」這個來自軟體工程學院的人說，「必須遵守。如果我們允許員工根據專案的異常特性採取異常行為的話，我們就完全沒有一致性了。」

「所以，他們必須精確地在每個專案中都執行完全同樣的流程？」

「對。」他表示肯定，「如果不這樣做，他們就沒有資格被評定為2級。這不僅僅是我的看法，這也是摩羅維亞軟體工程學院的看法。」

「沒有資格被評定為2級。」湯普金斯考慮了一下，「好吧，也許這就是我們的答案。也許你可以取消對QuickerStill專案的評定。」

「我想這是不可行的，湯普金斯先生。軟體工程學院是不允許退步的。我是說，像這種事情只要有了一次……」

「好，我們可以保密，就我們自己知道。」

「我可不這樣想。」這傢伙堅定地說，「而且我想貝洛克部長會不高興的。他要求整個組織在年底的時候達到3級，而這裏卻有個非常重要的專案正在開倒車，快要回到1級了。不，先生，我今天一定要給格羅斯先生和QuickerStill專案寫一

份解決方案。我們要提醒他們注意，他們還有7天的時間回到正軌，按照標準格式製作需求文件……」

「把需求從一種格式拷貝到另一種格式。」格羅斯譏諷地說。

「……按照標準格式，就像我說的，按照標準的2級流程。如果他們不能在7天之內證明自己這樣做了，他們的認證就會被正式、公開地取消。我說得夠清楚了嗎？」他的語氣帶著明顯的威脅。

「非常清楚。」湯普金斯先生說，「清楚得不得了。當然，這個專案只是我們整個組織的一小部分。我知道你明天還會去檢查其他的樓。」

「是的，大概每天一棟樓，如果按照今天這樣的速度的話。」

「那麼好吧，請你幫個忙，明天從愛德里沃利2號樓開始好嗎？然後，再下一天到3號樓，以此類推，一直按數字順序進行下去，最後一天檢查愛德里沃利7號樓。」這至少能給湯普金斯幾天時間來想想辦法，「幫我一個忙，按這個順序來，好嗎？」

「呵呵，當然，湯普金斯先生。我們就是來幫助你們的。那麼，明天就去愛德里沃利2號樓，我相信你一定在2號樓進行著相當重要的工作，希望我們早些看到。」

「是的，正是這樣。然後是3號樓和4號樓，都有非常重要的工作。我們熱切關心你們對2、3、4號樓的檢查，對5號

樓和6號樓的關心則少一些。前三棟樓是關鍵，所以我希望你們先去檢查。」

「你放心，湯普金斯先生。摩羅維亞軟體工程學院不會讓你失望的。」

「我完全相信。」

其他人都走了以後，蓋布瑞爾留下來。「看起來我們落後得比想像的還要多啊。」他說。

「是啊，花了那麼多時間去做流程改善，能不落後嗎？」

「不，比那還要糟。」

「為什麼？」

「如果能從其他廠商那裏得到完整的用戶文件，那麼在類似的專案中使用這些需求文件是最自然的管理決策，但是格羅斯卻是唯一看到並抓住這個機會的人。其他人都屈服於規章制度，完全按照以前的流程去寫需求文件，而沒有意識到：這個專案是不同的，需要不同的方法。」

湯普金斯站了起來：「我明白你的意思了。我想我們需要到愛德里沃利7號樓去走走，做一次我們自己的檢查，看看B團隊和C團隊是否願意走這條捷徑。」

「用戶文件**就是**需求規格。」莫莉・馬克莫娜對他們說，「當然，我們不會去把它拷貝到標準格式裏，那完全是浪費時間。」

「完全是浪費時間。」艾勒姆・卡塔克表示贊同。所有其

他B團隊和C團隊的經理都同意地點著頭。

　　愛弗瑞爾・阿特貝克，PShop C團隊的經理又著手說：「我們從Adobe拿來的Photoshop用戶手冊跟我看到過的所有需求報告一樣完整易懂。我從來不曾因為要把用戶手冊當作需求規格，而去評估過用戶手冊，但是這個專案逼著我這樣做。然後，我發現用戶手冊可以當作非常好的規格文件。我甚至感到奇怪，為什麼我們不把編寫用戶手冊的工作——至少是主要部分——搬到專案的前期去，讓它發揮雙倍的作用：既做用戶手冊，也做功能規格。我知道其他人幾乎都有同樣的看法，因為我們都看過彼此的專案備忘錄。」她掃視了一眼她的同事們，他們看來都很贊同這看法。

　　「但是僅僅是手冊可以作成很好的功能規格，」她繼續說，「並不意味著我們就**沒有**做需求分析工作。還需要操心非功能的需求：回應時間、檔案容量、資料範圍、變數精確度、擴展字元……」

　　「我們每個人都寫了一套非功能規格，」卡塔克接著說，「非功能規格和用戶手冊加起來，就構成了完整的需求文件。這種格式不正統，但是內容很精彩。它包含所有的需求，包括功能需求和非功能需求。而且它易讀、沒有歧義、還有很多案例。我想我們的專案已經得到了一些有史以來最好的需求規格。」

　　湯普金斯先生放心多了。看來，他們都已經採用了這種非常不正統的需求分析流程，而且這是一條很重要、很有意義的

捷徑。而走這條捷徑的結果就是所有的B團隊和C團隊已經把需求分析階段的工作扔到了床上，現在全都進入了設計階段。當然，這也意味著，當檢查組最後來到愛德里沃利7號樓的時候，它們每個團隊的認證都會被取消。這是他的問題，而不是專案經理們的問題。

也許這時應該輕拍他們的背以示鼓勵，湯普金斯想著。「我很高興看到你們樂於採用這種不正規的方法。只要有明智的捷徑，我們就要走。你們走了，這說明你們有在用自己的腦子思考，這正是我想要的。但是，我想知道，為什麼我的A團隊經理們沒有走同樣的捷徑呢？」

這個問題讓他們想了一陣。「我想我知道。」阿特貝克說。

「請說說看。」

「唔，把你自己放在我的同事托馬斯・奧里克的位置上想想，他是PShop A團隊的經理。他的團隊中有60個人，聽說國際事務部的部長一直盯著他的專案，因為這是時間壓力最大的一個專案。」

「所以……」

「所以，托馬斯被迫要讓所有的人一直工作。他必須顯示出權威，甚至要他們加班工作，不然的話，他會顯得太特立獨行，太放肆了。但是他們又能怎樣呢？」

湯普金斯想著阿特貝克這可怕的問題所隱含的深意。他知道托馬斯的處境，但是他感覺她還影射著什麼。把需求從一種

格式翻譯成另一種格式的確沒什麼意義，但是這項工作量很大，大得足夠讓這些超編的團隊不停地忙碌，最重要的是，看起來很忙碌。很明顯，他們為了有足夠的工作讓所有人都參與，只能採取毫無效率的工作方式。

時間還早，但是他不想回辦公室，他太灰心了。在回家的路上，他經過軟體工程學院門前四季常青的花園，但是他沒心情去欣賞。這天唯一的收穫就是他把對愛德里沃利7號樓的檢查延到了下個星期。這讓他有一點時間去做些事，但是該做什麼呢？

湯普金斯先生的日記：

流程和流程改善：

- 好的流程和持續的流程改善是很好的目標。
- 它們也是非常自然的目標：優秀的技術工作者一定會關心這個，不管你有沒有告訴他們。
- 正式的流程改善計畫需要花錢、花時間；特定的流程改善工作還會延遲專案進度。儘管最終會看到生產力上的改善，它們也不可能抵銷花在流程改善上的時間。
- 但是，專案的確可能從「單一的」、謹慎選擇的方法改善中得到足夠的收益，並抵銷為這次改善付出的時間和金錢。

- 在專案進行中，不要希望在超過一個方法的範圍內實施改善。多種技術的改善計畫（比如說提高整整一個CMM等級）很可能使得專案比不實施改善更晚完成。

- 標準流程的危險就在於人們可能失去重要的走捷徑的機會。

- 特別是對於人員超編的專案，標準流程看起來很嚴謹，因為它們製造出了足夠的工作（有用的和無用的），讓所有的人都忙個不停。

14

設計與除錯

「我要他離我的專案遠點。」湯普金斯坐在蓋布瑞爾·馬可夫的辦公室裏。他用力捶了一下桌子，想表達比真實感受還要強烈的決心。

准將抬起頭來：「你要對摩羅維亞軟體工程學院的主任說這些嗎？」

「是的。我下午就去摸摸這隻老虎的屁股，也許還是隻母老虎。」

「公的。」

「公的，謝謝你。我要去命令他。」他站起來，一邊走一邊說，「是的，我們希望從培訓和流程改善中獲益，但是絕不能用在面對最後期限的專案中。不可能。就這樣。」

「那你覺得他會同意嗎？」

「我不會給他選擇的餘地。」

「他很可能會通知貝洛克部長。他只能這樣做，因為是貝

洛克讓他開始流程改善計畫的。你也打算跟貝洛克這麼說嗎？」

　　湯普金斯用力地搖頭：「我要讓這位主任遠離我的專案，而且不要告訴貝洛克。我會威脅利誘，一定要讓他答應。我想這行得通。」

　　「我可不信。」

　　「其實我也不信……但是我必須試試看。」

　　「韋伯斯特，我的好朋友，這事情不簡單。主任的動機跟你的幾乎完全相反，他不太關心專案──他會告訴你，像你這樣緊盯著專案太缺乏遠見了。他關心的是長期目標，是員工的技術和能力。而且，他完全相信他的流程改善計畫對我們有幫助。我偶爾會對此表示懷疑，但是他完全相信自己做的事情。他是個非常誠懇的人。」

　　「那麼，幫幫我。我應該說什麼？我需要說什麼？」

　　「我來幫你練習一下。假設我就是主任。你來說服我。」

　　「現在你看起來……嗯，他叫什麼名字？」

　　「門諾蒂。普羅斯佩諾・門諾蒂。」

　　「是這樣，門諾蒂先生……」

　　「門諾蒂博士。這兒所有人都是博士，連我都是，我是馬可夫准將博士。」

　　「好，博士。這麼說怎麼樣：你很有思想，門諾蒂博士──我毫不懷疑你考慮這件事情時的誠意，但是我要把它完全推翻，因為任何有頭腦的人都能看出，這是最愚蠢的事情──我是說你的專案改善。你以為你是誰？可以隨便插手，破壞我

的專案？你這樣做，可能會讓我們的進度拖延幾個星期，甚至幾個月，這個我們可負擔不起。我為什麼會知道這些？因為我們對專案做過模擬，確實證明這種木頭腦袋的昏庸想法……」

好心的准將博士搖著頭：「你太生氣了，韋伯斯特。現在，聽我說幾句。告訴我，你對門諾蒂博士有什麼感覺？不是想法，是感覺。」

「我覺得他是個木頭腦袋，昏庸之輩，想出一些白癡的點子，把他這些愚蠢的想法強加給無辜的人。他想誤導別人，他完全是個官僚……你幹嘛這樣看著我？」

「韋伯斯特，你根本還沒見過那傢伙。一分鐘以前，你連他的名字都還不知道，但是你卻恨他。」

「他是個多管閒事的混蛋。」

「如果你不喜歡一個人，又怎麼能說服他呢？」

湯普金斯停了一會兒，想著這句話。當然，蓋布瑞爾是對的。「哦。我想你的意思是，如果我表現出對他的厭惡，他就不會做我要他做的事。」

「毫無疑問。」

「我表現出厭惡了嗎？」

「應該是的。」

「好，這很重要。我必須小心把對他的感覺隱藏起來。我當然能做到，我會的。謝謝你的建議，蓋布瑞爾。」

「那根本不是我的建議。而且，也許你根本沒法隱藏自己的感覺。韋伯斯特，把這看成是一個管理問題。你是我們的老

闆，是個好得要命的老闆。你要我們做的事，我們爭著去做。你以為這是因為你有權力管我們嗎？」

「不是嗎？」

「不。醒醒吧，傻瓜。你的魅力完全來自另外的東西。」

「你是說，人們會做我要他們做的事，是因為他們喜歡我？也許的確是這樣，但是我怎麼讓門諾蒂博士……」

「不是因為他們喜歡你，是因為你喜歡他們。」

「啊？」

「你喜歡、尊重為你工作的人。你關心他們。他們的問題就是你的問題，他們的擔憂就是你的擔憂。你的氣度像天空一樣寬廣。在一個人真正證明自己可信任以前，你就信任他。你讓我們都覺得你把我們當成一家人，這就是我們跟著你的原因。」

「喔。」湯普金斯不知道該說什麼了。

「這就是你的能力，韋伯斯特。當你坐在門諾蒂博士面前，你可能只想得到自己想要的。我不敢保證你會成功，因為這件事的確會讓他很為難。但是，至少你還有機會。」

「我必須喜歡他？」

「是的。如果你不喜歡一個人，就沒法說服他。有些人可以做到，但是你不能。不用再試了。」

「我怎麼喜歡他？我是說，我不可能僅僅因為有利可圖就逼自己去喜歡一個人。」

「我不知道，韋伯斯特。但是我想這是你唯一的希望。」

軟體工程學院的大樓位於愛德里沃利的正中心，那是一座富麗堂皇的大廈，有四層樓。大樓正面的牌子上寫著「摩羅維亞軟體工程學院」，但是入口處上方的石頭上刻著的字卻是另一個名字，叫做：**亞里士多德學院。**

湯普金斯前後看看這兩個名字，不明白為什麼會不一樣。

剛走進入口，他就看見一幅巨大的肖像，至少讓他找到了一部分答案。肖像中的人個子很高，一張英俊的、稜角分明的臉，蓬鬆的白髮。他的表情有一點迷惘，特別是在眼睛和嘴角處，就好像他聽說了什麼特別有趣的事情，正要笑出來似的。在肖像下面的底座上寫著「亞里士多德·科諾羅斯——摩羅維亞第一個程式設計師」。

門諾蒂博士的辦公室在三樓。一進門，湯普金斯就發現跟自己握手的人年輕得令人意外。這人中等身材，表情愉快。

「湯普金斯先生，我們終於還是見面了，真高興啊。我已經聽說了很多好消息……」

「門諾蒂博士。」湯普金斯抽回手，生硬地站著。他的胃感覺不舒服。

「很多好消息。你們在跑的那個動態模型——呵呵，這話題正適合在校園裏談。我真希望有一天你能秀給我看。對我來說，這是一種嶄新的方法，我從來沒有聽過這種東西。我為這樣的創新而興奮。而且，我們也都聽說了你不凡的成就：讓貝琳達·賓達又回來工作了。讓她這樣游手好閒是多麼大的浪費啊。那是人間悲劇，是我們這個產業的巨大損失。但是，現在

她回來了，謝謝你。而且，所有的專案都已經人員齊備，上了軌道……呵呵，你已經忙了好幾個月了吧。」

「我也已經聽到了一些關於你的趣事，門諾蒂博士。馬可夫准將告訴我……」

「那個人不也是一筆寶藏嗎？他的手下人都愛他，你知道的。他們真的愛他，他是個真正的正人君子。哈，請坐。我已經叫我的同事送蛋糕和茶過來了。」

「恐怕我給你帶來麻煩了。」

「噢，我知道，我知道。我已經聽說那次檢查的事了。」

「老實說，不光是那件事。」

主任同情地搖著頭：「我可以想像。你知道，你不是第一個對我們所做的事產生懷疑的人。」

「對，但是這一次……」

「呵呵，我們先把它放在一邊，喝完茶再說吧。噢，茶來了。」一位年紀稍大、穿著藍色工作服的人推著小車向他們走過來。「好，把它放在旁邊的桌上，馬里奧。好，太好了。現在，湯普金斯先生，請坐那個比較舒服的椅子，就是那個，然後跟我說說你的事。你住哪裏？還有，你是怎麼找到我們這個小國家的？」

湯普金斯已經坐了快一個小時了。到現在，他對這位主任既喜歡又尊敬，所以他覺得自己應該有機會了。

「門諾蒂博士，我確定你早就知道：從長期來看，流程改

善可能會有正面的作用；但是在短期內，它會造成損失。」

「太對了。」主任親切地表示同意。

「在一個專案的生命週期內，你最大的可能是造成延期，因為你付出了時間去做流程改善，損失了⋯⋯」

「請說『投資了』。」

「你投資到流程改善中的時間就無法再用於專案的工作上。所以，你付出了，但利益還沒有來。僅僅針對這一個專案來說，你會落後進度。」

主任點點頭：「這的確可能發生。」

「而且，你也知道，我們有6個專案，它們都承受著極大的壓力。我只是想⋯⋯」

「呵呵，當然。當手下告訴我你來了，我馬上就知道你在想什麼了。」

「那麼，你會答應我，免除這些專案的流程改善計畫？」

門諾蒂笑了，帶一點悲哀：「韋伯斯特，不管再怎麼拼命，這些專案也不可能在最後期限之前完成的，愛德里沃利的每個人都知道——每個經理、每個程式設計者，甚至每個祕書。這些專案會延遲很多，因為整個時間安排就是錯的。那麼，再多花幾個月又有什麼不同呢？如果你的員工們多花一點時間，本來延期18個月的專案可能要延期20個月，但卻可能真正改善他們的方法。難道不是嗎？以後，我們可以把人員的技能量化分析，這些人再也不會讓專案陷於這樣不切實際的進度之中。你看，從我的觀點⋯⋯」

「是的，我理解你的觀點，普羅斯佩諾，而且你的觀點很好。但是，你看，你的話裏面有一個小小的錯誤。你說每個人都知道這些專案將會延期。但是，事實是每個人都知道，除了我。」

「啊。」

「而且我還知道，儘管大半的專案都不可能滿足貝洛克部長那個愚蠢的最後期限，但是至少還有一個專案有希望搭上末班車。」

「你把自尊心全賭上去了。」

「的確。我不知道這是怎麼回事，但是它的確有希望。」

「我明白了。」主任盯著窗外看了一會兒。然後，他又開口了，眼睛還盯著窗外：「也許我們可以放過這個專案。不管怎麼說，在這麼大型的流程改善計畫中，完全有理由讓一個小專案暫時不受影響，讓它以後再來吧。」他轉頭看著湯普金斯，還是一臉憂愁的表情。

湯普金斯坐回自己的椅子上。他已經得到了公正而且合情合理的折衷方案，這得來不易，主任的表情說明他做出這個讓步也是很痛苦的。公平地說，他應該接受主任的條件，但是他不能。他還需要保護其他所有的專案，特別是藏在愛德里沃利7號樓的那些專案。他知道，它們多半無法按照貝洛克的時間表完工，但是他還是希望它們在最初計畫的11月完成，這關係到他的自尊心。他必須要求更多。

「謝謝你提出的條件，普羅斯佩諾。我知道你也很難做

事，我非常感激。但是我還需要更多，我要6個專案駐紮在愛德里沃利7號樓裏的那部分都能得到免除。我要你把流程改善計畫限制在其他的五棟樓裏，當然，在這五棟樓裏，我們會盡力協助你。」

「我的朋友，我真是不明白……」

「另外，我還要請你不要把這些讓貝洛克部長知道。這就是我需要的。」

「你要我放過整個組織的1/3，而且還不呈報？」

「是的。」

「我做不到，韋伯斯特，真的做不到。」他抱歉地搖著頭，「你知道，軟體工程學院並沒有把這些計畫強加給你們。我們只是服務性機構，我們按照客戶的要求去做。恐怕你得直接去找貝洛克部長才行。」

長長的沉默。就像蓋布瑞爾說過的，完全是一次冒險。但是去找貝洛克就連冒險都不是，那完全是徒勞。呀，好吧，他只剩最後一張牌了：「我知道這聽起來很討厭：有什麼辦法可以繞過你嗎？我是說，在主任的上面還有沒有別的什麼人？」

門諾蒂博士看起來有些吃驚：「你怎麼會這樣想呢？」

湯普金斯指著天花板：「上面還有一層樓。一般來說，一個機構的頭頭都會把自己的辦公室安排在頂樓。」

主任考慮了一下，最後說道：「湯普金斯先生，假如我讓你去見我的上司，再假如我的上司同意了你的請求，你能給我一點好處嗎？放心，那和剛才談的無關。」

「說說你的條件。」

「瓦爾多。我們非常驚訝，因為你新創的歷史資料蒐集實驗，還有你明智地選擇了瓦爾多來負責。我們學院從來沒有做過這樣的事，我們要他。如果我讓你如願以償，你能把瓦爾多和他的整個團隊讓給我嗎？」

湯普金斯如釋重負地笑了：「沒問題，我很高興。」

主任奇怪地盯著他：「你會『很高興』失去這樣優秀的一個人嗎？」

「不，讓我高興的不是失去他。失去他會給我增加很多麻煩，但是請從瓦爾多的角度去想。對於他來說，這是一次勝利──精彩的新生涯的開始。」

門諾蒂博士感激地點點頭：「是的，我想你是對的。我很高興你能這樣看待這次交換，高興而喜悅。當然，我們保證讓瓦爾多去做他最擅長的工作。」

短暫的沉默。「那麼，真的有什麼人在你上面？樓上的那個人？」

「噢，是的，學院的院長。他總是行事低調。實際上，他幾乎從來沒有在公共場合露過面。院長這個職位毋寧是表示對他的尊敬。如果他來這兒，通常只是為了來睡午覺。現在，他就在樓上。」

「我會請他起來。他的名字叫……」

「亞里士多德‧科諾羅斯。」

門諾蒂博士告訴他上樓的路，讓他自己上去。沒必要先打電話預約，他說。實際上，科諾羅斯根本沒有電話。湯普金斯走上了樓。

四樓只有一個巨大的房間，裏面沒有燈光，一片漆黑。在他的右手邊，牆上的窗戶被窗簾完全遮住了。房間裏有輕微的嗡嗡聲，加濕器的聲音，他想。但是除此之外什麼也沒有，只有沉寂。空氣清新涼爽，有一點潮濕土地的芬芳。過了一會兒，他的眼睛適應了黑暗，才看清房間裏原來滿是植物：地上擺滿了盆栽、插花、樹苗和玻璃種植床。在房間的盡頭，他可以辨認出一張窄小的睡床。有個人影俯臥在床上，身上蓋著毯子。他能看見那一頭蓬鬆的白髮，微微地顫動著。

「科諾羅斯先生？」湯普金斯鼓起勇氣，「科諾羅斯先生，我是韋伯斯特·湯普金斯。」

「終於來了，我還以為你不會來這裏呢。」

「我……」

黑暗中的人影坐起來，伸了個懶腰：「嘿，為什麼要把所有的窗簾都拉上呢？我們有事要做。」他跳到地上，把窗簾一下子拉開。「好的，湯普金斯先生是這個家的管理者。他需要一點幫助，所以他來找科諾羅斯。不然還能找誰呢？但是，上個星期，上個月，他在哪兒？那時他就不需要幫助了嗎？我在這兒都快悶死了，就等著他來找我。終於，終於他來了。告訴我，湯普金斯先生，我能幫你什麼忙？」

「嗯，好吧，讓我告訴你一點背景。」

「不要背景。告訴我，要我做什麼？」

湯普金斯深吸了一口氣：「寫一封信給貝洛克部長，說你正在親自負責愛德里沃利1號樓到7號樓裏所有專案的流程改善。說他們都已經達到了3級，並且很快將達到4級。你只要不讓他插手，讓我們用自己的方式來做事。」

科諾羅斯想了一會。「你需要付出很大的代價才行。」他說。

「我願意付出任何代價。」

「一份工作。」

「一份工作？」

「一份工作。我會寫程式、除錯、設計、審查（review）、分析、訂定規格（specify）、計畫、估算和編寫文件。我從1954年就開始做這些事了。對於這些工作，我非常非常擅長。我太優秀了，他們就讓我做這個學院的院長。但是我討厭待在這兒沒事幹，所以，給我一份工作。」

「你替我寫那封信，我就給你工作。」

「成交。」

「科諾羅斯先生，我想這是我們美好友誼的開始。」

「現在你也看到了，我們有18個團隊，分別製造6個不同的產品。對於每個產品，都有3個團隊彼此競爭，希望比其他團隊更快更好地做出產品。我要你做的，亞里士多德，就是在這18個團隊中間巡視，做我技術上的眼睛和耳朵。我要你去尋

找我們可以為這些專案做的事，給他們最大的成功機會。我想至少有一件事會很有幫助——當然也許對於每個專案會有不同。我要你走進每個專案，教他們怎麼去做一件他們需要做的事。」

「小事一樁。」

「哦？」

「太容易了。」

「呃，我不明白。」

「我要走進18個不同的團隊，但是要教給他們的卻是同一件事。」

「你已經知道是什麼事了？」

「噢，當然。」

「你怎麼可能知道呢？」

「想想我們在這裏是幹什麼的，韋伯斯特。所有的專案都不可能或者幾乎不可能在最後期限之前完成，這是你告訴我的。」

「這倒是事實。」

「也就是說，我們必須節省時間。但是——大多數人都忘了這一點——如果你找出更多的事來做，那是節省不了時間的。」

「請再說一遍？」

「門諾蒂用那些所謂的流程改善，還有他樓下所有的那些優秀人才都喜歡用加法。他們看到一個不夠理想的流程，就會

想說：『加上這種技巧或者那種流程，結果會更好。』這就是一樓、二樓和三樓做的流程改善。當然，他們加上去的東西都很有用，我並不想否認這一點。但是四樓這裏的流程改善是不同的。我的理論是：千萬不要想用加法，而要用減法。」

「聽起來很棒。」

「想想你的一個專案，韋伯斯特，假設我們從 Quirk B 團隊開始。假設那裏只有一件事需要改善，好嗎？現在，他們沒有做那件事。他們沒有做，根本沒有。」他停了一會兒，「那麼，他們在做些什麼呢？」

「我不知道。其他的什麼事吧。」

「他們不是在浪費時間？」

「當然不是！」

「那麼，我們必須看看他們到底在做什麼，然後找到從中減去一些事情的辦法。所以，說真的，他們到底都在做些什麼？」

「我不知道。」

「假設你每天只觀察專案中的人一分鐘，假設就是三點鐘的那一分鐘吧。然後，你把你所看到的全部總結一下，大多數的人用大多數的時間在做什麼？」

「除錯，我猜。那似乎是最多的一類工作。」

「那麼這就是我們面臨的挑戰：我們必須減少除錯的時間。」

「我們必須學會怎樣更有效率地除錯，是嗎？」

「不。」科諾羅斯糾正他，「我們必須學會怎樣更有效率地設計。」

科諾羅斯建議向這18個團隊傳授一種他稱為「最後一分鐘實作」（Last Minute Implementation）的技術，這把湯普金斯嚇到了。按照科諾羅斯的計畫，這些團隊應該盡可能把寫程式延後，把專案中期40%，甚至更多的時間用於精確而詳盡的低階設計，這個設計應該能夠完美地、一對一地映射到最終的程式碼。花在設計上的時間將大量減少除錯所需的時間。

比如說，在一個為期一年的專案中，在最後兩個月之前不准開始寫程式，同樣也不會做任何測試。這就意味著當測試開始的時候，幾乎所有的測試都必須一次通過。幾乎不留下除錯的時間。

「我們怎麼能不給專案安排除錯的時間呢？」湯普金斯懷疑地問道。

「花在除錯上的時間是錯誤數量的函數。」科諾羅斯答道，就像在跟一個傻瓜說話一樣。

「是的，但是不花時間除錯就意味著我們需要……」

「沒有錯誤。對，你說對了，你學得蠻快的。」

「沒有錯誤！」

「這是你說的。」

「我們怎麼可能沒有錯誤呢?!」

「你看，假如你剛剛在某個模組中找到一個錯誤，它應該在哪兒？」

「在模組內部。」

「不，它應該在模組的邊界上，在最邊緣的地方。噢，當然，模組內部也會有一些很簡單的錯誤，它們只影響這一個模組，在檢驗的時候，這些錯誤都很容易找到。真正的錯誤，是會浪費你大量時間的錯誤，是那些與模組和系統其他部分之間的介面有關的錯誤。」

「對。每個人都知道。那又怎樣？」

「所以，當你在除錯階段尋找錯誤時，你看的東西是錯誤的。」

「我在看什麼？」湯普金斯問道，有點惱火。

「你在看這個模組，看它的內部。你在看程式。」

「那我應該看什麼？」

「看設計。只有從設計裏，你才能得到所有關於介面安排的資訊。」

「但是在設計審查的時候，我們會盡力排除所有的缺陷。我們已經這樣做了，然而還是需要非常多的時間來除錯，才能排除那些被漏掉的缺陷。」

「不對。」

「不對？難道不會有錯誤從設計審查中漏掉嗎？」

「不，你想在設計階段就把它們排除掉，這就不對。」

「你怎麼能這麼說呢？」

「我是從這些年所受的打擊中知道這一點的。幾乎沒有人做的設計足夠接近實際的程式，所以根本無法進行有意義的審

查。」

「噢，我們當然會做設計，每個人都做。」

「當然，但是他們不是在設計階段做。在設計階段，團隊只是拿出一份文件。他們有一些空洞的『哲學』，可能有一兩份文件上的設計，然後審查只是徒具形式。他們做這些只是為了應付管理者，讓他們可以開始寫程式。最後，經理說『好，你們可以進入下一階段了』，團隊就會歡呼，把所謂的設計束之高閣，再也不去管它。這種設計完全是廢物。

「然後，在寫程式階段，他們才真正做設計。在寫程式階段！這個時候他們才決定實際的模組和介面是什麼樣子，而這些決策逃過了審查。」

湯普金斯長歎了一口氣，他痛恨這一切：「當然，大多數的低階設計的確就是像你說的那樣做出來的。」

「當然。」

「但這是低階設計。」

「你所說的高階設計完全是廢物。」

「我不知道。我的直覺告訴我，你說的至少有一大半是對的，但是……」

「我當然是對的。低階設計才是唯一真實的東西。其他的東西，所謂的概念性設計，完全是用來看的。」

「我想你是對的，但是如果你錯了怎麼辦？我必須考慮這一點，不是嗎？想想看，如果我照你說的去做，而你卻是錯的怎麼辦？」

亞里士多德・科諾羅斯愉快地看著他：「那你就完蛋了。」

「這正是我擔心的。」要真的這樣做，他需要多麼大的勇氣啊。他要把寫程式延後，延後延後再延後，一直到最後。然後，如果事情不像他說的那樣，如果出現了大量的錯誤……

「告訴我，亞里士多德，是誰想出這種瘋狂的方案的？」

「一個傢伙。」

「你？」

「不，不是我。另一個人，我不知道他的名字。我這樣做已經好多年了，但這的確是另一個人想出來的。」

「我們甚至不知道他的名字?!」

「不知道，我是在網上認識他的。我們一直保持著聯繫，他就像一個聖人，但是不肯告訴我名字。不過，我可以告訴你他的ID，你自己去問他吧。」他在一張紙上潦草地寫了一行字，遞給了湯普金斯。

湯普金斯把這張紙塞進口袋，直接回到家。

湯普金斯先生的日記：

改變完成工作的方式

- 如果不大幅度減少除錯的時間，就沒辦法讓專案大幅度提前完成。
- 高速完成的專案花在除錯上的時間，相對來說少很多。
- 高速完成的專案花在設計上的時間，相對來說多很多。

　　湯普金斯放下筆。所有這些肯定都是正確的。因為除錯耗費了大約50％的專案資源，所以，如果一個專案想要創造奇蹟，就必須「減」掉大半的除錯。這也可以給他們留下更多的時間來做設計。這是毫無疑問的。

　　但是這並不能證明另一個命題：增加設計時間必定能減少錯誤。他想寫的下一點是「用更多的時間做設計也能大量節省除錯時間」，但是他真的不知道這是否正確。這的確是需要信心的。在這一點上，他要麼信任亞里士多德・科諾羅斯，要麼不理他。現在，他還不知道應該怎麼辦。

　　如果他決定按照亞里士多德的指示去做，那幾乎就是在發動兵變。程式設計人員對除錯著迷，他們不會輕易接受這個全新的方案。從現在開始，他不得不用大量的時間來傾聽他們的疑問，打消他們的疑慮，請求他們的原諒和信任。他想，這些起碼他還是能搞定的，有理由相信他在這方面的才能。

　　他又回想起這天早些時候，蓋布瑞爾那些令人吃驚的稱讚。直到現在，一想起蓋布瑞爾的熱情，他都感覺很舒服。他甚至還記得那些話：「這就是我們跟著你的原因，韋伯斯特。這就是你的能力。」湯普金斯在日記上又寫了一條：

- 如果你不關心別人，不照顧別人，就別想讓他們為你做一些非凡的事情。如果要讓他們改變，就必須去了解（並讚賞）他們的一切。

　　他合上日記本，拿起科諾羅斯的信。這封信完全是按照他的要求寫的。至少，現在他可以把貝洛克部長扔到腦後了。明天一早，他要做的第一件事就是讓信差把這封信送到科撒奇去。

15

加班的效果

　　把貝洛克扔到腦後不是一件容易的事。科諾羅斯的信讓他平靜了幾個星期，但是到 8 月底，湯普金斯又被貝洛克召見了。下午一點，在科撒奇。

　　在去貝洛克辦公室的路上，湯普金斯經過元首的辦公室，他真希望他能回到城裏來呀，他有一些話想告訴元首，說不定可以把貝洛克趕到某個偏遠山區裏去。但是房門緊鎖著，門上貼著一張手寫的字條：「元首回美國去參加新房子的落成典禮。6 月 1 日回來。」6 月 1 日已經過了快 3 個月了。噢，很高興看到不光只是軟體開發者會錯過計畫的交付日期。他看看錶，加快了腳步。

　　貝洛克的接待人員帶著湯普金斯穿過幾間華麗的房間，見到了部長祕書。祕書帶著他又穿過幾間更華麗的房間，見到了部長的助理。助理又帶著他走進了部長的辦公室。貝洛克看見湯普金斯進來，什麼也沒說，只顧低頭看文件。他認真地閱讀

文件，皺著眉頭。最後，他終於抬起頭來。

「湯普金斯，你和你那些該死的手下每年要花掉我3,150萬美元。我究竟得到了什麼？」

「進展。」

「進展，是啊。呸，我能拿這進展來幹什麼？能拿它賣錢嗎？」

「最後會的。到產品發布的時候，就像你自己說的，你會得到一個造幣廠。每年3,150萬美元，花上幾年的時間，我覺得這點投資還算合理……」

貝洛克揮手打斷他的話：「你最好按時完成這些產品，千萬不要來跟我說你不行。如果你到頭來不得不站在我面前，跟我說你不能在6月1日交付所有的產品，那我可真的要對不起了。非常、非常對不起，我不是開玩笑。現在，你的工作有按進度進行嗎？」

「當然。」他說道，聲音降了半個調。

「我根本不相信你。如果我相信，早就把日期提前了。不，你已經慢了，毫無疑問。但是，你會把時間補回來的。湯普金斯先生，我告訴你，你會的。從現在開始，你要上緊發條。」

「噢，員工們已經非常努力了。」

貝洛克部長的表情從不高興變成氣急敗壞：「你把這叫做努力工作？看看這個！」他把一疊文件扔到湯普金斯面前。

「啊，這是什麼？加班時間？你一直在監視我們的員工加

了多少班？」

「當然了。這些是7月的資料，看看這可憐的6個專案，這一點點加班時間。Notate: 144小時；Quirk: 192小時；PShop: 601小時……太少了！我們最有野心的專案，才加了600小時的班，每人在整整一個月裏加班還不到10個小時！而且，在你的整個組織裏，湯普金斯，你知道7月裏平均每人加班時間是多少嗎？」

「我不太清楚。」

「還不到**兩個小時**！」

「我擔心這已經太多了。比如說，馬可夫的部門裏大多數人根本沒有工作可做。」

「好，給他們工作，湯普金斯。把他們叫醒，讓他們去PShop專案組。」

「所有的350個人？」

「我不關心有多少人，讓他們工作就對了。而且，我說的不是普通的每週44小時的工作。我要看到這些人每週工作60小時、70小時，甚至80小時。這就是我想要的，我總是能得到我想要的。我說清楚了嗎？」

「哦，是的。要理解你從來不是問題。」

「感謝上帝。現在，我看到你已經完成了流程改善計畫，我希望你保持下去。現在，我把目標改成：到年底的時候達到4級。然後到明年，我要……」

「請原諒，阿萊爾，你知道4級的條件嗎？我是說，這必

須要求員工獲得特定的技能，你有把握嗎？」

「不要拿細節來煩我。到2000年之前，你的組織每年要提升一到兩個級別，否則我的名字就不叫貝洛克。再說一遍，我說清楚了嗎？」

「非常清楚。」

「在我這兒做事，就永遠不要自滿，湯普金斯。我要為我工作的每個人（男人）都……」

「請原諒：『男人和女人』。」

「什麼?!」

「組織中也有女人。這兒工作的有男士也有女士，你應該記得……」

「當然，還有女士！你強調這個幹嘛？你在這種時候提起女人幹嗎？我們還有工作要做，有產品要生產，有人員要協調！我剛才說到哪裏了？」

「你要為你工作的每個人都……」

「噢，對。我要為我工作的每個人**每天**都能想起自己的不足，這是工作的動力，這是保持團結的根本。要對他耳提面命，我要你給我一個特別的計畫，用手寫，今天給我。」

「我猜你的意思是在午夜之前？」湯普金斯苦澀地問道。

「對。」貝洛克部長擺擺手，表示結束這件事。「現在，我們談談你在夏季運動會中的任務……」

「什麼？」

「夏季運動會，2000年奧運會，將在科撒奇舉辦。」

「什麼？你到底說些什麼啊？」

「奧運會。在專案談判期間，元首在國際奧會逗留了一段時間，簽了一個契約。他很善於遊說，又有其他的資源。我們將主辦2000年奧運會，這是你個人的2000年問題。」

「我的問題？」

「就是你的問題。我把主要的責任交給你，你必須在運動會開幕之前給我做好準備。」他站了起來，開始收拾桌上的文件。很明顯，會談結束了。

「喂，請等一分鐘，我到這兒來只是……」

貝洛克瞄了他一眼，就快要發作了：「不要告訴我你到這裏有什麼事。我會**告訴**你有什麼事。」

「他要我們在2000年夏天之前建造一個全新的空中交通控制系統。」

貝琳達的眼睛骨碌骨碌地轉。

「他說，在奧運會的6個星期裏，會有240萬人來到科撒奇機場。也就是說，每天有300架次的飛機起降。」

「呃，現在的科撒奇機場有多少航班起降？」

「每週6架次，我查過。我們甚至連塔臺都沒有，他們用旗幟來指揮飛機。」

「那麼，我們需要設計並建造一個塔臺，找些管理員並培訓他們，建立支援系統把這一切整合起來。我不知道我們是否能做到這些。你讓他了解這裏的風險了嗎？」

　　「拜託，生命是短暫的，我可不想在這種毫無希望的事情上面浪費時間。這是貝洛克部長，記得嗎？而且，我一直在想：我們有什麼好處？在蓋布瑞爾那裏有那麼多人——為什麼不讓他們去做呢？在以後幾個月裏，當我們的專案全面運轉起來之後，這會佔用妳、我和蓋布瑞爾一些心力；但是如果只是啟動一個有意義的空中交通控制系統，並使我們的員工一直工作，想想這些有專案可做的人，想想他們能得到的經驗。這將會有好處。」

　　她聳聳肩，表示同意：「只要你願意，我就願意。」

　　「哦，對了，貝洛克部長還要我們『上緊發條』，這是他的說法。他要我們讓員工們多多加班。」

　　「我正打算跟你談談這個。我已經看到了8月的資料，加班時間在增加，至少在我們18個關鍵的專案中是這樣。」

　　「不管他們怎麼做，我想還是滿足不了貝洛克。」

　　「也許是不行。公平地說，我也對這個資料很不滿意。」

　　「你認為我們的員工應該投入更多的時間來工作嗎？」

　　「更少。」

　　「貝琳達！」

　　「我知道，我知道。好的專案總是有一定的加班的，但是我覺得我們這裏的趨勢並不健康。加班來得太早了，就無法長期堅持。我擔心到專案需要最大的工作量的時候，我們已經疲憊不堪了，員工們耗盡了力氣然後開始離開。這是我的直覺告訴我的。」

湯普金斯做出對這種言論常見的回應：「貝琳達，我們需要抓住直覺告訴我們的事情，並把它放進某種模型中去。我們今天下午就來做這個模型吧。我們要用模型來精確地證明加班和壓力對生產率的影響，看看人們的生產率和壓力強度的函數關係。」

「我也要參加。」貝琳達說，「而且，讓瓦爾多也來參一腳吧。」

「瓦爾多？他來幹什麼？」

「搜尋他的歷史資料，找出高壓力和低壓力下的專案，看看它們的生產率受到怎樣的影響。我們可以用他的資料來改進、調整我們自己的模型。」

幾個小時後，貝琳達已經有了一個壓力影響模型，但這完全是她腦海裏的設想，甚至還沒有輸入到模擬器裏。她把模型畫在韋伯斯特的白板上，並在旁邊按照自己的猜測畫上了貝洛克腦子裏的模型：

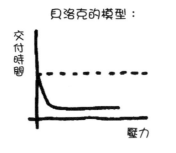

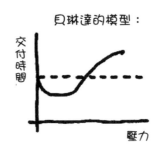

　　「讓我們假設某種度量壓力的方法。」她開始說明，「它應該要考慮到實際交付日期與最初規定的日期之間的關係。另外，它可能還受到加班時間的影響。這就是『壓力』的指標，我們把它叫做P。

　　「現在，我的模型認為：P最初的增加可以略微提高生產力。在我們這裏，員工們喜歡壓力，他們會積極地回應，至少在壓力不太大的時候是這樣。他們開始認真工作，並且真正全心投入。我的模型還說明：中等壓力也許可以將生產力提高25％，甚至使整個交付時間縮短25％。但是，只有當壓力處在適當範圍的時候，情況才是這樣。壓力再多一點，曲線就變平了──增加壓力不再有好的效果。如果再多一點，就開始失去原有的效果。員工開始疲勞，他們筋疲力盡，灰心喪氣。再多一點壓力，你就開始失去他們。如果你真的把發條拴緊，員工就會陸續離開，專案就該被扔到廁所裏去了。」

　　然後，她又把注意力轉移到假想的貝洛克的模型上：「這裏還有另一種觀點。持這種觀點的管理者認為『管理就像踢驢子幹活一樣』，完全是法西斯。他相信壓力能大幅提高生產力，也許能讓專案完成的時間縮短一半，甚至超過一半。這個模型還指出，壓力過多就無法再起作用了──人的能力終究是有限的，但是也不會有害。既然你無法找到這條曲線的轉折點，你就只管施加更多的壓力。把發條上得越緊，你就越能保證員工們在盡力工作。你可以規定一個荒謬的交付日期，即使他們比這個日期晚了一年，甚至更多，你至少也能保證他們達

到了最大的生產效率。」

「看來，你和貝洛克部長只在曲線的前兩個百分點有共同語言。」

「誰都不會百分之百錯誤，即使是貝洛克。」

韋伯斯特很不愉快地盯著貝洛克的曲線。如果這就是他的想法，也難怪他會做出這些事了。「看起來，他認為開發者在懲罰的壓力下只會更努力地工作。你越想產品早點交付，就應該規定越多的懲罰。」

「懲罰……」貝琳達離開白板，慢慢走到房間後面。她頹然地坐下，臉色蒼白。她盯著白板看了老半天，最後說道：「唔。」

「什麼？」

「懲罰。那張圖就像是在虐待孩子，韋伯斯特。他就像個有虐待傾向的父親。如果 P 不是壓力，而是懲罰……」她走回貝洛克的圖邊，做了一些修改，「還有，縱軸不是交付時間，而是小孩所犯的錯誤。」

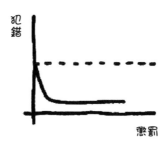

「正是這種世界觀讓一個父親相信『不打不成器』。」貝琳達繼續說，「還不明白嗎？小孩被打得越多越重，錯誤就會越少。直到最後，再增加懲罰也無濟於事，小孩已經竭盡全力了。但是這額外增加的懲罰，不管有多少，都不會有什麼危害。所以父親就想：『不妨罰得重一點。』呵呵。」

湯普金斯走到白板旁邊，擦掉了曲線的後面部分，然後畫了一條急遽上升的尾巴。他能感覺到，當他這樣做的時候，貝琳達的緊張開始慢慢消除了。「被懲罰過度的孩子不會做得更好，」他溫和地對她說，「他們只會做得更糟，甚至比原來還要糟糕得多。」

「當然。他們只會學到隱藏自己做的壞事。」

「當然。」

「擦掉那該死的東西，韋伯斯特。太讓人鬱悶了。」

他擦掉了貝洛克的圖。

貝琳達還在出神。湯普金斯走過來，拖過一把椅子在她身邊。過一會兒，他們的心情輕鬆了些。「談到隱藏壞行為，希福，我親愛的貓咪就會這樣做。牠知道我不許牠在中國地毯上磨爪子，但牠還是會這麼做。只不過，當牠這麼做的時候，因為牠知道這是不好的行為，所以牠就把耳朵轉過來，眼睛也一直瞅著我，看我是不是會吼牠或者拿紙團扔牠。」

貝琳達一臉嚴肅：「這的確就是一個被懲罰過度的孩子的行為。他知道那是壞事，但不會因為做了壞事而內疚，道德上根本無動於衷。他只關心怎麼僥倖逃脫懲罰。」看來小貓的故

事並沒有把他的意思表達清楚。「當然，我從來沒有懲罰過希福。」他趕緊解釋。

貝琳達終於露出了一點微笑：「是的，我猜你也不會。如果一個小孩，或者一條小狗那樣做，也許就意味著過去有人過度懲罰了他。但是小貓不一樣，貓天生就是玩世不恭的。」

瓦爾多帶著關於專案壓力的歷史資料過來，把他的發現寫在投影片上，在辦公室裏架起了投影機，等著韋伯斯特和貝琳達坐好。然後，他開始陳述他的發現。

「我們的資料庫裏有14個專案。」他對他們說。「記住，這些都是愛德里沃利的員工在過去三四年內完成的專案。我們已經度量了這些產品的大小，把結果表示為功能點。然後，我們畫出了每個專案實際的交付時間，並推導出一條趨勢線，表示任何大小的產品要交付所需的時間。結果就像這樣。」瓦爾多說。

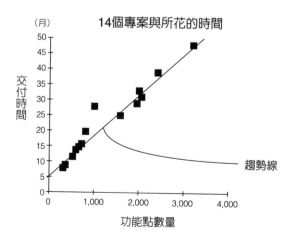

　　「接下來，」瓦爾多繼續說，「我們用這條趨勢線來計算這14個專案通常的預期交付時間。實際上，我們研究了超過30個專案，所以也許你們會問：為什麼選擇這14個專案來給你們看？那是因為這些專案的稽核紀錄良好，我們可以重現它們的整個進度過程，包括最初公布的交付時間和其後的每次修正。用這條趨勢線，我們可以計算出專案的名目交付時間。我們對這14個專案都這麼做，這裏是一部分結果。」他換了一張投影片。

專案編號	算出的 名目交付時間	預期交付時間 （公布的交付時間）	比率 （名目／預期）
9401	18個月	14個月	1.28
9404	10個月	9個月	1.11
9405	7個月	7個月	1.00
9408	34個月	22個月	1.54
9501	29個月	12個月	2.41

名目：nominal；預期：expected。

　　「也許你們已經知道我下面要講什麼了。我們用名目／預期交付時間的比率，來作為度量壓力的單位，這是個不錯的單位。你還要我們研究壓力的影響，所以我們觀察了這14個專案實際的工作績效，將它表示為名目／預期時間比的函數。」他又換了一張投影片，「這就是我們得到的。」

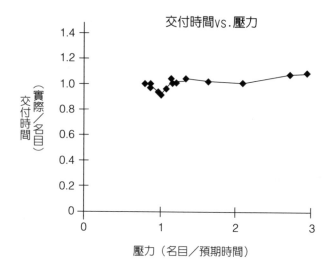

「等一等，這條線幾乎是平的。」湯普金斯叫道。

「對。壓力差不多沒有影響。」

「瘋了。」貝琳達說。她走到投影機旁邊，把它轉了90度，讓它投影到白板上。然後，她又調整了一下，讓瓦爾多的圖幾乎正好蓋在她自己的圖上面：

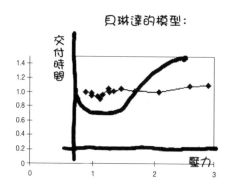

「這裏有兩個問題。」她繼續說道,「在圖的左邊,適當地增加壓力為什麼沒有讓我們的生產力提高?還有,在右邊,當壓力越來越大的時候,為什麼人們沒有逐漸離開?」

一陣輕輕的敲門聲,比爾齊格女士帶著蓋布瑞爾‧馬可夫和亞里士多德‧科諾羅斯走進了辦公室。

貝琳達直接問科諾羅斯:「你覺得呢,亞里士多德?當壓力大得不切實際,真的變成懲罰的時候,為什麼人們還不離開?哦,當然有些人會離開,但是,似乎總有些核心人物會留下,不管情況變得多糟。為什麼?」

「玩世不恭。」他說,「程式設計師天生就玩世不恭。」

「就像貓一樣。」湯普金斯插上一句。

「對,就像貓一樣。看,妳自己也還在這兒,貝琳達。有人給了妳一個不切實際的日期,妳有什麼反應?『噢,好吧,這就是人生。』然後,他們得寸進尺,要求更不切實際了,妳就說:『呵呵,再來啊。』我說得對嗎?」

她聳聳肩,表示同意:「也許吧,程式設計師都是貓。」然後,她又指著瓦爾多的圖,「但是你對第一個區域又有什麼感想呢?我以前想,如果我們把壓力調整到適當的程度,至少會有點效果。也許是25%,至少會有15%吧。但是瓦爾多的資料卻說明,我們什麼都沒得到。」

「最多6%。」瓦爾多告訴他們,「當然,資料中有些干擾。所以,我們可以認為這個幅度會上下浮動大概3%。」

「幾乎就是沒有。我想知道為什麼。」

「我也想知道為什麼。」湯普金斯也跟著說。

長長的沉默。

「那麼，問問先知（Oracle）吧。」

透過網路把訊息發出去之後，湯普金斯設計了一個過濾程式，如果電腦上有包含「先知」這個詞的回覆，就會發出一陣嘟嘟聲。他看了一下錶：「我看明天之前是得不到答案了。真糟糕，我真想知道他會說什麼。」他敲了Return鍵，啟動了過濾程式。幾乎是同時，電腦發出一陣嘟嘟聲。

「嘿，這是什麼？喂，他已經回信了。」

「他可不是一般的先知。」科諾羅斯說道。

他們圍在螢幕旁。收到的訊息有一大半是信頭。先知真正的回答只有一句話：

Date: 1 September 07:55:42 -0400

From: 先知〈oracle@lister.com〉

MIME-Version: 1.0

To: webster@morovia.com

Subject: Re: 壓力和生產力

9月1日的來信中您寫道：

＞為什麼給程式設計人員的壓力

＞最多只能得到6%的生產力提升呢？

我的回答是：

　　在壓力下的人思考不會變快。

祝好

　　先知

　　他們又走回窗邊的座位，重重地坐下——貝琳達、韋伯斯特、亞里士多德、蓋布瑞爾和瓦爾多。很長時間沒有人說話。最後，亞里士多德開口了：「的確不是一般的先知。」然後，大家又靜默不語。

　　韋伯斯特打破了沉默：「有些事情是你一百年前就該知道的，可你一直都不知道。這時候有人告訴了你，你應該怎麼稱呼他？」

　　「天才。」貝琳達說。其他人都點頭。

　　「我們關於壓力的整個理論都是錯誤的。」蓋布瑞爾說，「每個人的理論都是……」

　　「都是，」貝琳達接過話頭，「都是現在盛行的、生產力改善的標準理論。我們一直認為這樣一個遊戲也許可以提高生產力。但是，當真正需要的時候，我們都做了些什麼？我們就施加壓力。幾乎所有的經理都會玩這一招。」

　　「所有經理都會的一招。」蓋布瑞爾咧開大嘴，露出金牙笑了，「難怪我們這些經理都拿那麼高的薪水。」

　　湯普金斯還在努力消化先知信中的意思：「看，如果人們在壓力下思考不會變快——誰又能否認這一點呢？——那麼唯

一剩下的影響就是他們會用更多的時間來工作。難怪我們看不到更大的生產力提升，15%的壓力就意味著每週6到7小時的加班，一週又一週，整個團隊都這樣。這個加班量是非常大的，可能大到完全不切實際。而且即使這樣加班，我們得到的收益也不大。瓦爾多，你幹嘛搖頭？」

「因為我們只看到加班的效果。我們認為應該把加班當成是壓力的一部分，但是在尋找加班產生的影響時，我們卻毫無收穫。」

「什麼？」

「我們做了一個非常簡單的分析，只是將資料庫中有加班的專案——不管有沒有加班費——和沒有加班的專案做了個比較。我們算出生產率，用『每人月的功能點來表示』。沒有加班的專案生產率要略高一點。沒差多少，只高幾個百分點。」

蓋布瑞爾打斷他的話：「等等，瓦爾多。你一定是想說：每小時的生產率是一樣的，而不是月生產率。既然加班的人投入了更多的時間，而每小時的價值是一樣的，那麼他們整個月的生產力就會隨著加班時間的上升而上升，是嗎？」

「不。每個月工作190小時的人做的總工作量比每個月工作200小時的人要稍微多一點，比每月工作210或者220小時的人又要更多一點。對不起，我知道這些資料不是你們想要的。但是我們已經反覆確認過了。」

「好了，各位。」亞里士多德對他們說，「這不是什麼新聞，其實我們心裏都知道：增加加班時間只會降低生產力。」

　　他們都思考著。「我相信。」貝琳達最後說，「我們都知道加班是有負面影響的：疲勞、失去能量、錯誤率上升……」

　　「還有在正常工作時間打混。」亞里士多德補充說。

　　「為什麼？」

　　「因為人們會對自己說：白天多開點會、時常中斷工作也無妨，因為他們還有晚上的時間。」

　　「我也這樣想。如果你不允許他們加班，他們就必須提高工作效率。」

　　「當然。」

　　「好，把這一點也加進『負面影響』的列表裏。瓦爾多的資料告訴我們：加班帶來的負面影響大於收益。就像亞里士多德說的，其實我們都想過這一點。」

　　「那麼，經理們又該怎麼做呢？」湯普金斯問他們，聲音有點顫抖。

　　「走另一條路。」貝琳達答道，「一條難走的路：雇人、激勵、團隊的活力、留住優秀的人、排除無效率的部分、減少會議、減少加班、減少多餘的文件。」

　　湯普金斯被嚇呆了：「如果加班真的只有反作用，妳就是想告訴我：一到晚上，我們就應該把員工都趕回家？」

　　「就應該這樣。實際上，我一直都是這樣做的。」

　　「貝琳達？妳？妳真的會趕他們走？」

　　「我會的。以前不會，但是自己被累垮了一次以後，我就變了。我看到人們在辦公室裏待得太晚，就會把他們趕出去。

我告訴他們，我在10分鐘之內就要關燈了。而且我的確會關燈，絕不開玩笑。我開始想：當我用了很多時間來加班的時候，如果有人好心地偶爾趕我回家，也許今天我還是個上班族呢。」

「妳還沒注意到，貝琳達，」蓋布瑞爾對她說，「你已經又是一個上班族了。這個星期，妳每天早上八點就到了，然後待上一整天。」

「啊哈。」湯普金斯叫道，「現在……五點半了！妳正在加班，親愛的女士。而我，我這個富有同情心的經理，要趕妳回家了。你們，都走。」他指著門的方向。

「謝謝你，韋伯斯特，你太好。但是我樂在其中，不想現在就走。」

「出去。」他堅決地說，「快樂也不是藉口。當妳晚上想趕他們回家的時候，他們都會這樣說。」

她輕鬆地笑了。「對極了。」她說著站起身來收拾文件，「噢，你們也一樣。」

「回妳的售貨車裏去。」韋伯斯特故意加上一句。

她對他吐吐舌頭：「不，我還不想回售貨車裏去。我想先去公寓裏舒舒服服地泡個澡。」

「你們其他人也走吧。」湯普金斯對他們說，「回家，所有人都回家。我也是。說真的，我想換上泳褲去海邊游泳。10分鐘之內關燈。」

他也會在10分鐘之內離開的。其他人都走了之後，他提起

筆，在日記上簡單地寫了幾句：

壓力的效果

- 壓力之下的人思考不會變快。

- 增加加班時間只會降低生產力。

- 短期的壓力甚至加班可能是有用的策略，因為它們能使員工集中精力，並且讓他們感到工作的重要性。但是長期的壓力肯定是錯誤的。

- 經理之所以會施加那麼多的壓力，也許是因為他們不知道該怎麼做，或者因為其他辦法的困難而感到畏縮。

- 最壞的可能性：使用壓力和加班的真正原因是為了在專案失敗時，證明大家並非沒有努力。

16

含糊的規格文件

　　希福總喜歡在早餐之後跑到陽臺上，再沿著窄窄的欄杆跑到萊克莎的陽臺上。當萊克莎在城裏的時候，她總是把陽臺的門開著。當然，現在這扇門緊閉著，從四月初貝洛克第一次出現以後就一直如此。過一會兒，希福又回來了。牠抬起頭用責備的眼神望著湯普金斯，長長地發了一聲牢騷。

　　「我知道，我知道，我也想她。而且我也不知道她什麼時候回來呀。」

　　這天終於有了萊克莎的消息，儘管來得很曲折。湯普金斯到達辦公室的時候，一個黑色活頁本裏有一大堆文件正等著他。旁邊還有一張國際事務部的信紙，上面的字歪歪斜斜的，幾乎無法辨認。信上寫著：「我讓胡莉安從美國偷來了這些文件。有了這些資料，你沒有任何理由不能在2000年夏天的最後期限前完成任務。」最後是一個張牙舞爪的簽名：「貝洛

克」。

　　亞里士多德・科諾羅斯也在等他，他的腿上攤開著一個黑色筆記本。他抬起頭來，「來自美國聯邦航空局（FAA），國家航空航太計畫（NASPlan）契約的規範細則。」

　　湯普金斯歎了一口氣：「就是不要美國的啊！這些專案最後都進入訴訟程序了。」

　　「對。這些都是法庭扣押下文件，上面都有法院的圖章。」

　　「如果貝洛克真的想幫我們，他應該去偷法國系統的規格文件，哪怕是西班牙的也好。起碼那些專案還有點成果，但這些……」

　　「好消息是：我們拿到了全部的文件。我檢查過了，這裏有每個部分的詳細說明。我猜，即使是完全崩潰的專案，也可能製造出相當好的規格文件。確實有這種可能。」

　　「我猜也是。」

　　「大約只有百萬分之一，但還是有可能。」

　　「噢，好，我想即使是很不完善的規格也比什麼都沒有要好。我覺得，哪怕只是把各個組成部分列舉出來也會有幫助。在這個空中交通管理專案上面，我希望你也能幫忙，亞里士多德。我是說，過一段時間，當他們進入設計階段的時候。那時，希望你幫他們解決困難。」

　　「喔，當然，很高興能幫忙。這是件非常有趣的工作，把空中的飛機當玩具。非常好的專案，而且沒有最後期限。」

「當然有最後期限。訂死的最後期限，而且非常緊迫。」

「當然。我只是想，在這個世界上有沒有一個專案的目標是品質而不是時間。可是，我猜沒有，看來我是錯的。不過你可以看到，為什麼我會想這個問題。我是說，一個空中交通控制系統，它就應該是這樣的。人們會說：『嗨，我給你足夠的時間，別急。真的，你只要把它做好就行了。時間嘛，要多少就有多少。』」

「不可能。」

「我猜我是個無可救藥的理想主義者。」

「但是，我們有一個絕佳的團隊。『空中交通控制』好像是魔法一樣，我向蓋布瑞爾一說，他馬上就想起7個在西班牙系統中工作過的人。我想這是個好預兆，所以就雇了他們。他們的確很優秀。」

「這個消息更好。現在，該聽聽壞消息了。不是來自空中交通控制系統，而是來自其他地方。你有麻煩了。」

「還有新麻煩？」

「這就是。PMill的A團隊，你選了一個愛發脾氣的經理。」

「我？」

「他罵人，大聲地罵，憤怒地罵。他手下的人都開始怕他了。」

PMill-A是由奧斯曼‧格拉底希負責的，他是個溫文爾雅、輕聲細語的年輕經理。很難想像他會罵人。「我會在下午

抽時間跟他談談。」湯普金斯說，「在這之前，請幫我看看這些資料，亞里士多德。我們要把它們發給樓下的空中交通控制團隊，我必須對這些規格文件抱持樂觀的想法。如果這些規格不能給我們一點幫助，那麼2000年的夏天就是一次慘敗。」

光靠他們兩人幾乎抬不起這些黑色筆記本。湯普金斯把它們一本本撿起來，放在亞里士多德的手臂上，然後又放在自己的手臂上，直到最後只剩下一本。湯普金斯彎下腰，把它夾在腋下。「我們到底是在幹嘛？」他大聲問科諾羅斯，「為什麼要給空中交通控制系統找這些額外的工作？我們已經超載了，貝洛克還給我們找這些新的麻煩。」

科諾羅斯的聲音從那堆黑色筆記本後面冒出來。「我們做得太多，」他說道，「因為我們怕自己做得太少。」

奧斯曼・格拉底希還是那麼溫文爾雅，還是那麼輕聲細語。但是，他的嘴繃得緊緊的，這明顯說明了一切。湯普金斯列席了PMill-A專案的週例會，同時列席的還有PMill產品經理美莉莎・阿爾伯，格拉底希的上司。會後，湯普金斯和阿爾伯女士各自端了一杯咖啡，到愛德里沃利1號樓前的院子裏。

「那麼，PMill-A到底怎麼了？」

「噢，韋伯斯特，壞消息。奧斯曼受不了壓力。」

湯普金斯搖著頭：「我不想責備他。我們讓A團隊人員超編，把B團隊和C團隊的壓力都轉移給他們，這是我們的責任。現在，當我心情不好的時候，我只會到Notate-C或PShop-

C或QuickerStill-B之類的團隊去看看。」

「我也是。」

「A團隊的經理們就沒有這種待遇。我們把他們當犧牲品，完完全全的犧牲品。」

「是啊。」

「情況有多糟？告訴我。」

「他變得非常尖刻。」美莉莎說道，「有時他會大呼小叫，漲紅了臉，會當著別人的面訓人。」

「妳覺得還有別的事情在困擾他嗎？除了壓力之外？」

「他不肯說，不過我覺得還有，韋伯斯特。你知道他跟我說什麼嗎？他告訴我，Quirk-A可以按時完工，他覺得自己會是唯一一個延期的。我想這就是他的困擾。」

「我應該跟他談談嗎？」

「也許再過段時間，讓我先跟他談吧。」

「隨便妳。」

「哦，還有人開始提出調動申請。人們要求調離PMill-A，我不知道應該怎麼……」

「讓我先想想。」

「你知道，韋伯斯特，你說A團隊都是犧牲品。但是我們不應該這樣想。我們應該把這看成訓練的機會。哪怕這些工作都會失敗，也毫無希望按時完工，這些團隊也能學會在一起工作。當下一個大任務到來的時候，一個健全團結的PMill-A團隊將是我們真正的財富。」

「我知道。我正在考慮空中交通控制專案。當這個專案到實作階段的時候，我們需要有能力的開發組。奧斯曼的團隊並不理想——至少，他們的經驗不是最合適的——但是有很多工作他們可以做。他們會是一大筆財富，就像妳說的。」

「他們會的，只要他們能凝聚成一個團隊。不過，不用我說：如果一堆程式設計師感覺不到自己的價值，他們是不會形成特別緊密的團隊的。現在，我對PMill-A已經不抱太大的希望了……」

過去幾天，貝琳達一直待在空中交通控制系統專案組。現在，她已經讓專案組的人集中精力去研究最新一份聯邦航空局規範，是關於無線電管理系統的。他們還無法確定如何詳細說明摩羅維亞空中交通管理系統，但是很明顯，這個系統中一定需要牽涉到飛機之間的無線電聯繫，所以至少無線電管理系統是需要的。在加入這部分的工作之前，韋伯斯特只用了三個小時讀了一次無線電管理系統的規則。

「嗨，老闆。」貝琳達看起來很高興。他注意到小組的其他人都很壓抑，就連組長格列佛‧門內德斯的臉上也看不到平日的熱情，似乎不太想說話。

「好，這就是今天的問題，韋伯斯特：你覺得這份規則怎麼樣？」貝琳達笑著說。

湯普金斯發現自己的處境有點不利。儘管他看過這份規則，實際上卻一點都不了解。「呃，我只看了兩個小時……」

「那就夠了。告訴我們，你看了兩個小時以後的感想。」

「呃，當然，就是說，它很基本。這份規則很基本，這樣說可以嗎？」

「有多基本？」

「當然，毫無疑問，這個系統有點複雜。但是妳知道，這份規則似乎抓住了這種複雜性，而且我必須承認，如果再給我幾個小時……」

「換句話說，你根本就沒有理解，對嗎？」

「唔，差不多吧。妳看，我想這是那種必須花工夫閱讀的規則，如果妳不這樣做，當然就無法理解它的脈絡和內部邏輯。這是你們得出的結論嗎？」

格列佛悶悶不樂地點頭：「我們九個人得出的結論差不多就是這樣。但是，貝琳達的看法完全不同。」

「啊，貝琳達有什麼看法，能告訴我嗎？」

她看起來非常開心：「這份規則全是些廢話，韋伯斯特，徹頭徹尾的廢話。每一頁都是廢話。」

「噢，我可不這麼想。不管怎麼說，這份規則是一些相當有能力的人寫的。」

「哦，是啊，的確。」

「而且聯邦航空局審查並接受了它。」

「是的。這份規則的作者在說廢話，審查者讀了這些廢話，聯邦航空局就接受了這些廢話。」

她的自鳴得意讓他有點生氣：「我不知道妳怎麼會這樣

說。我是說，無論如何，這份規則是用來指導一個上億美元的開發專案的。」

「1.6億美元，我已經查過了。」

「對呀。誰會在這種專案中拿出一份沒人能懂的規則呢？」

「沒有嗎？呵呵，就讓我來提一個問題試試吧。比如說，你這份文件讀了2個小時。」

「實際上是3個小時。」

「那麼，你一定至少看過一遍了。」

「對，非常粗略地看過一遍。然後，我又回過頭來，比較粗略地又看了一遍。」

「好。請告訴我，這個系統中接入鍵盤了嗎？」

「啊？」湯普金斯感到有點手足無措，就好像在考試時才發現自己漏看了關鍵的一章，而所有的題目都出自那一章一樣。「唔，我的確沒有注意到。也許是因為我看得太快了。」

貝琳達又轉向其他人：「你們一整天都在研究它，是吧？請你們告訴我，誰注意到系統中有沒有鍵盤？」

他們都聳聳肩。

「好問題。」格列佛說道。

「也就是說，我們都不知道。」湯普金斯承認，「這的確是個問題，系統規格文件總是有問題的。僅僅因為這一點不完善，妳也不能證明整個文件都沒用。我們很難要求十全十美。」

「韋伯斯特，好好想想我這個問題。我們面對的是一個多處理器的硬體／軟體系統，它的資料庫中有好幾百個組態變數（configuration variable）……」

「沒錯。妳看，在規格文件中都有。這兒是硬體和軟體，這兒是資料庫——還有完整的組態資料。所以，我們一定能從這份文件中得到一些東西，它並不完全是廢話。」

「但是它們從哪裏來，這些組態變數？」

「妳說什麼？」

「你怎麼得到它們？」

「呃，我想可以從操作員輸入得到。如果是這樣，我們可以假設系統中有一個命令行輸入設備；或者也可能在初始化的時候，跟著軟體一起載入進來；或者也可能從上位系統（upstream systems）中傳過來；或者可能由軟體來檢查硬體連接情況，然後自己建構出組態資料庫。」

「對。按你的說法，有四種可能性。文件中描述的，可能是四種完全不同的系統中的一種，這取決於它的選擇。但是它什麼都沒選，文件根本就沒有說明這些資料到底從哪裏來。或者，讓我們再看看這個：哪些組態資料必須包含在資料庫中？系統可以重新配置嗎？重新配置的規則是什麼？怎麼分配無線電頻率？怎麼改變無線電頻率？訊息採用什麼交換方式？有沒有多接收方連接？……文件中都沒有說明。」

「它什麼都沒說。」格列佛點點頭，「她是對的，韋伯斯特。這份規範細則什麼都沒有規定。這就是300頁含糊不清的

廢話。」

　　他想在日記上寫點什麼，但是寫什麼呢？他又花了一小時來看這些文件，很明顯貝琳達說得很對。作為一份規格文件，它一點用都沒有，因為它沒有說明任何一個問題。但是，為什麼它會被寫成這樣呢？難道那些科學家就這樣寫規格文件的嗎？還有，為什麼除了貝琳達以外，其他的員工，還有美國聯邦航空局的所有開發者都沒有發現這份文件的空洞呢？聯邦航空局甚至還想用它來開發無線電管理系統呢。就連他自己，也非常希望它能給摩羅維亞的專案帶來幫助。為什麼會這樣？他又看到了一份毫無希望的、含糊不清的規格文件，這是一個失敗專案的標誌。為什麼他們要這樣寫文件？為什麼這樣的文件還能被聯邦航空局接受？為什麼從來沒有人發現它是在說廢話？這成了一個謎：含糊的文件之謎。

　　在這樣溫暖的秋夜，他知道貝琳達常常在晚飯後到公寓的游泳池去游泳，他可以到那兒去找她。她的確在那兒，在水裏慢慢地游著。湯普金斯在一張躺椅上坐下，欣賞著她的泳姿，為她熟練的轉身和無窮的精力而懾服。等她上來，他就要跟她討論「含糊的文件」這個問題。在等待時，他打開日記本，翻到空白的一頁，寫一些東西，關於奧斯曼和他開始表現出的古怪行為——這種行為跟貝洛克以前用來嚇唬湯普金斯的行為幾乎一模一樣。

湯普金斯先生的日記：

憤怒的經理

- 管理中的憤怒和羞辱是會傳染的。如果高階管理者喜歡罵人，低階管理者也會有樣學樣（就像經常被罵的小孩很容易變成愛罵人的父母）。
- 管理中的辱罵常被認為是一種刺激，可以讓員工提高效率。在「胡蘿蔔加大棒」（carrot-and-stick，就是軟硬兼施）的管理策略中，辱罵是最常見的「大棒」。但是，哪有人被辱罵之後還能做得更好呢？
- 如果經理使用辱罵的方法來刺激員工，表現出的是經理的無能，而不是員工的無能。

他還不知道這些憤怒的經理們到底為什麼而憤怒。為什麼他們會選擇這種情緒呢？比如說，貝洛克似乎始終處於狂怒之中，這是為什麼？另一個謎。湯普金斯本來打算在日記中記下他對於管理成敗的結論，但是現在他想：是不是應該改寫一本有關這些謎題的書。一定會有很多謎題的。

過了一會，貝琳達從游泳池爬上來，走到他身邊，圍著一條浴巾：「嗨，老闆，怎麼了？」

「水滴到我腿上了。」

「對不起。」

「我被謎題困難了，全是因為妳提出的問題。願意跟我一

起困惑一下嗎？」

「當然。」貝琳達把浴巾鋪在湯普金斯旁邊，坐了下來。「今天的謎題是什麼？」

他苦笑著說：「那可多了，我們就從含糊的規格文件開始吧。我有兩個問題：為什麼規格文件會被寫成那個樣子？還有，為什麼從來沒有人注意到？除了妳。為什麼？為什麼我們其他人都相信那的確是系統的規格，如果不能理解，那是我們的問題，而不是文件的問題？」

「這個問題比較困難。讓我先從比較簡單的部分開始吧。我可以回答的部分是：為什麼我們這些能力很強的團隊沒有吹個口哨說：『這個規範細則在騙人』？如果這份規格文件不那麼糟糕，我們可以說他們將會更努力，使它變得更好。這才是良好的、專業的態度。但是，這份無線電管理系統規格文件實在太糟了。在文件編寫課程中，這樣的文件一定不及格。為什麼他們不告訴我們這些？」

「對，為什麼？」

「如果他們中的某個人正在教文件編寫課，他會毫不猶豫地給這份文件打個不及格。但是他們覺得自己並不是處在評價的位置上，而是處在競爭的位置上。」

「和規格文件競爭？」

「他們彼此競爭。我有一種理論，韋伯斯特：我們每一個人在內心深處對自己的智力都有些許懷疑。我想也許整個人類都有這種奇怪的特徵：每個人在內心深處都覺得自己的智力比

其他人要低一些，並且需要更多的努力來彌補自己的『缺陷』。當我們讀到像無線電管理系統規範這種複雜的東西時，我們就暗地裏認為別人都能理解，只有自己不理解。現在，老闆進來了，他問說：『你們看得怎麼樣了？都搞定了嗎？』你手足無措了，該說什麼呢？你只好給自己掩飾，說：『喔，很好，老闆。我是說，當然，它很複雜，當然，但是只要再給我點時間……』。其他的人也都這樣說。」

「所以，就沒有人會吹那聲口哨。」

「我很久以前就知道這個了，韋伯斯特。沒人會告訴你這份文件根本沒用。人們也許會抱怨說它寫得不夠清楚，但是不會告訴你真正需要知道的：那根本不是一份規格文件，規格文件需要做的事情它一件都沒做。它根本什麼都沒有規定。」

「那麼，妳怎麼能看透呢？難道妳心裏就沒有自我懷疑嗎？」

「你是在問一個住在棕櫚樹下的女人嗎？嚴肅點。當然，我也會自我懷疑，跟別人一樣。但是，我已經經歷過太多這樣的事了。我知道有些規格文件完全就是垃圾，所以我學會了看穿這些垃圾。比如說，我有一些很機械性的規則。」

「請跟我分享吧，我好想知道妳的規則。」

「好，我告訴你其中一個。按照定義，所謂『規格』是一份報告書，它描述了系統——一組既定的反應——怎樣對外部的世界作出立即反應。每個規格都有兩個部分：首先，應該有一組策略（policy）表明系統怎樣回應事件；其次，需要一組

輸入和輸出，讓事件和回應能銜接起來。不管系統有多麼複雜，這第二個部分都非常簡單：所有的輸入和輸出都是可列舉的資料流和控制流（control flow）。它們都應該是可以命名或編號的。它們也可以度量——例如用資料流中的資料元素數量來度量。而且它們是可數的。」

「妳是說如果一個系統真的很複雜，所有的複雜應該都在策略中。」

「對。這些策略決定了輸入怎樣轉換成輸出，它們可以有任意的複雜度。但是輸入輸出始終都只是輸入輸出。你可能永遠都不能理解轉換的過程，但是如果規格文件有任何價值，它就必須精確地告訴你系統介面的特性。如果它連最起碼的輸入輸出數量都不能提供，那麼這份規格文件就不及格，它根本就不能算是規格文件。」

「所以，每份規格文件至少都必須有完整的輸入輸出統計，也許還要給每個輸入輸出一個名稱，並顯示它的成分。」

「至少是這樣。這樣的規格文件也許還得不到『優』，但起碼不會像這個無線電管理系統規格這樣毫無用處。」

他沉思了一會兒：「好吧，也許這就能解釋無線電管理系統專案的問題了。系統中的確有極其複雜的轉換策略，而規格文件的編寫者在試圖描述轉換策略的時候陷入泥沼不能自拔，以至於他們忘了做相對簡單的部分。在這種情況下，我們可以得出結論：這個系統太複雜，也許根本就不能詳細說明。這就是規格文件失敗的原因。」

「我不這樣想，還有一些其他的原因，我也會告訴你這方面的理論。但是，首先我要指出：不管轉換策略有多複雜，要詳細說明系統的絕大部分，只需要列舉出輸入和輸出即可。我請你想像另一份無線電管理系統規格文件，想像它只有20頁。它完整而詳盡地列出了輸入和輸出，每個輸入輸出都有名稱，定義精確到資料元素的層次。在輸入輸出的意義很重要的地方，會有對訊號的描述，甚至包括電壓、脈衝寬度等資料。這就是我們的輸入輸出列表，假設其中有20種輸入和30種輸出。現在，在『轉換』部分，我們只寫上一句話：『20種輸入和30種輸出以某些方式聯繫在一起。』這份規格文件如何？」

「貝琳達，這份規格文件糟透了！完全模糊不清。」

「在轉換策略的描述上，的確是這樣。但是在輸入輸出的描述上，它既清楚又完備。換句話說，簡單的部分做得很完美，只有困難的部分才寫得不清楚。」

「那麼，妳想說明什麼？」

「我想說：這樣一份規格文件，儘管如此不完善，至少可以讓無線電管理系統專案正常運轉，也許還可以讓這個專案免於被訴訟。開發者能看到其中的缺陷，他們會寫出自己對於轉換策略的設想，並把這些設想提交給系統管理員和專案經理，得到他們的批准或者改進意見。我所說的這個20頁的規格文件是一份很糟糕的文件，但是它比聯邦航空局的那份文件要好太多了。」

他毫不懷疑這一點。但是聽她說了這些，他又有了一個新

問題：「那妳說為什麼他們要這樣寫文件呢？為什麼他們要把它弄得那麼含糊？」

她大笑起來：「我最後終於找到了答案。一開始的確不容易理解，但是當我掌握了普遍的規律之後，特定的實例就很容易弄明白了。」

「『普遍的規律』是……？」

「文件中的含糊，意味著未解決的衝突。」

「衝突？」

「衝突。系統是各個利益團體協商得到的，包括所有者、用戶、利益相關人、開發者、操作員和管理員。在這樣複雜的無線電管理系統中，相關的人可能有好幾十種。有時候，他們無法取得共識，這時就會產生衝突。舉個例子：假設無線電管理系統的某個協商者希望變數初始化能由系統操作員直接控制，而另一個人卻希望能集中管理所有變數的初始化。」

「啊，他們就產生衝突了。如果衝突不能解決的話……？」

「規格文件就不得不模糊。比如說，文件不能說明系統中是否有方便操作員直接輸入的鍵盤，也不能明確指出所有的組態變數。每一個清楚的描述都會遭到一個或幾個人的反對，因為要訂出清楚的描述，就必須在他們的衝突中做選擇。」

「規格文件的編寫者**可以**寫出清楚的文件，但是……」

「他們就必須表明自己的態度，在衝突的雙方中選擇一方，然後就會被另一方活生生吃掉。」

「這多鬱悶啊。他們不去解決衝突，而是用含糊的語言來

編寫文件。」

「事情總是這樣。現在，只要在規格文件中看到任何不明確的東西，我就會四下尋找衝突，而且總是能找到。我相信，光想著『寫出明確的描述』是根本沒用的。需要提高的不是我們的表達能力，而是解決衝突的能力。」

湯普金斯望著遠方的群山和天空，幾顆星星悄悄地升起。他任由自己的思緒漫遊天際。

過了一會，貝琳達問道：「吃點晚飯怎麼樣，老闆？」

「妳先進去，貝琳達，去訂位。我等一下去餐廳找妳。」

她收起自己的東西，走進公寓。湯普金斯先生拿起日記本，又開始寫。

含糊的規格文件

- 規格文件中的含糊，意味著不同的系統參與者之間存在著未解決的衝突。
- 如果一份規格文件不包含完整的輸入輸出列表，那麼它就什麼都不是；它根本還沒開始。
- 沒有人會告訴你一份規格文件是不是很糟糕。人們往往傾向於責備自己，而不是責備文件。

17

解決衝突的專家

「我們不了解解決衝突的竅門」，湯普金斯對著他的「管理夢幻團隊」說，「我不光是說這個房間裏的人，而是說整個產業。我們有系統設計、系統實現、編寫文件、測試、品質保證等等技術，但是沒有解決衝突的技術。」

「那一定是因為我們這一行一直都沒有衝突。」亞里士多德·科諾羅斯冷冷地說。

「是啊。」貝琳達笑著說，「那只是因為你沒看到罷了。在我們和貝洛克之間，在我們和軟體工程學院之間，在我們和某些團隊之間，在團隊與團隊之間，在團隊內部，到處都有衝突。而且這還只是在愛德里沃利這個小小的校園裏。韋伯斯特和我認為，聯邦航空局的專案，也就是我們的空中交通控制系統想要師法的這些專案，在所有的層面上都充滿了衝突。」

「我們這一行到處都是衝突。」湯普金斯繼續說道，「如果不面對這些嚴重的衝突，根本無法建立任何規模的系統。系

統開發中總有很多分工，所以會有很多衝突。我們的業務中到處都是衝突，但是我們對衝突的掌握卻幾乎是零。」

「當然，我對於**武裝**衝突還是有些了解的。」蓋布瑞爾說道。

「哦，那不一樣，蓋布瑞爾。而且，你也只是從過去的人生經驗中學到的，而不是來自軟體開發的管理經驗。」

「的確。」准將溫和地說。

湯普金斯清清喉嚨說：「我想說的是，我們要成為解決衝突的專家。至少，我們需要找到關於這個主題的一本好書、或者講座、或者一位顧問來指導我們。在我們這個領域裏，誰是解決衝突的國際級專家？」

一陣長長的安靜，大家在思索這個問題。最後，亞里士多德開口了：「韋伯斯特，我的朋友，我不知道誰是國際級專家，但是找個本地專家怎麼樣？一個解決衝突的魔法師，怎麼樣？我認識這樣一個人，他以前是個幼稚園老師。」

「喔，那他一定有很好的解決衝突的能力。」貝琳達說。

蓋布瑞爾點點頭：「在摩羅維亞，那些在幼稚園任教的高尚的人被稱為大師（Maestro），而我要推薦的正是迪耶尼亞爾大師。他是我手下的一個程式設計師。只要你把他放進一個團隊中，問題就會煙消雲散。但是，除了我以外，從來沒有人讚賞過他的管理才能，因為誰都不知道他到底做了些什麼事。也許連他自己都不知道。他的角色有點像催化劑，我也花了很長的時間才真正明白他的價值。」

「他能教我們如何解決衝突嗎，蓋布瑞爾？」

准將似乎不太有把握：「我不知道，貝琳達。我知道他的確可以解決衝突，但是不知道他能不能把自己所做的精確表達出來。就像許多擁有與生俱來的能力的人一樣，他做的事不是那麼明顯，甚至連他自己都不太可能意識到。但是，他還是一塊無價之寶。你會用這樣一個人嗎，韋伯斯特？你打算怎麼用他？」

「催化劑性格。」湯普金斯沉思著，「如果你能把他讓給我，蓋布瑞爾，我會讓他到PMill-A專案去，希望他能把霉運全都趕走。也許他真的能幫那個很鬱悶的專案解決一些問題。」

「好。等一下我就去安排。」

湯普金斯在記事本上做了記錄。「但是，我們還是需要找個人來指導我們。想想，各位，誰是這方面的專家？誰是我們這個領域裏解決衝突的權威？」他環視一周，看著亞里士多德、貝琳達和蓋布瑞爾。

又過了好一陣，亞里士多德說：「有一個人。」

「不會又是那個『先知』吧？」

「不，另一個人。我忘了他的名字了，不過他的確是系統專案方面解決衝突的專家。他還做一些計量工作，他也是『全贏』（Everybody Wins）迴圈方法學的創始人。」

「太好了！」貝琳達叫了起來，「這就是我們要找的人。」

「他是誰？」湯普金斯追問。

「賴瑞・波希米博士。」

　　當天晚上，湯普金斯先生飛到倫敦去參加賴瑞·波希米關於「全贏」迴圈方法學的課程。課程為期兩天，湯普金斯正好趕上第二天。波希米博士是一個高個子，說話聲音很柔和，看起來有點害羞。當湯普金斯在講座後邀請他到附近的酒吧喝啤酒時，他非常高興。他們選了一張遠離嘈雜的桌子，但還是得頭靠著頭，才能在喧囂中聽清彼此的談話。

　　「你看，依照我的理解，波希米博士……」

　　「請叫我賴瑞。」

　　「賴瑞——謝謝你——你看，依照我的理解，我們需要承認衝突的存在，並且給予足夠的重視。」

　　「對。或者就宣布：衝突是不受歡迎的。這正是我們在大多數組織裏的做法。我敢肯定，韋伯斯特，你自己也這麼做過。當然，這不能杜絕衝突，也不能解決衝突。」

　　「只會讓衝突隱藏起來。」

　　「完全正確。如果我們一開始就承認衝突的存在，做好適當的處理工作，情況會好得多。」

　　「我的麻煩就在這裏。至少我心裏有一部分這樣的想法：團體中的衝突是應該受到指責的。既然我們都為同一家公司工作，就不應該有衝突。」

　　「對，我知道你的想法。衝突看起來是一種違反職業道德的行為。」

　　「對，這正是我的感覺。我想這是因為我受到的教育告訴我：要團結。」

「你不是唯一這樣想的人。當衝突發生的時候，我們總是喜歡把它看成對團結和紀律的破壞。我們喜歡看著組織圖，在發生衝突的兩個人之間畫一條線，然後找到他們上面最近的一個人，然後想：『只要那個經理能在這兩人之間做點調解……』」

「怎麼？難道不對嗎？」

「如果整個團體只有一個目標，同時這個目標也是每個人各自的目標，那麼這就是對的。但是情況並非如此。團體是很複雜的，不同的人有不同的目標，這才是合理的組織形式。比如說，你的目標可能是在規定的時間內完成專案，而我的目標則是達到四分之三的銷售比例。這兩者可能都是更大的目標中的一部分，但是我們兩個可能都沒有明確意識到這一點。」

「的確，每個人都只看到自己的目標。」

「正是這樣。」

湯普金斯又提出了第二種可能性：「我想也有這種可能性：我們兩個的目標本身就是衝突的。想想你剛才舉的例子：可能為了完成專案，我會要你停止一些新的促銷活動，直到這一季結束。」

波希米博士點點頭：「你算說對了。如果是這樣，我們的目標就是衝突的，起碼有一部分是衝突的。所以，我們倆當然會衝突。而且有件很重要的事：我們倆都沒有違背職業道德。我們之間**確實**有衝突，這樣的衝突應該引起重視。如果我們把它藏在桌子底下，大談團隊合作和專業精神，我們就永遠無法

進行那項困難但是可行的任務——解決衝突。」

　　「你說『可行的任務』。」湯普金斯看著酒吧中央，一群酒鬼正擠在飛鏢板的周圍。但是湯普金斯看不見他們，他正想著自己生活中的衝突。有什麼有用的辦法可以解決他和貝洛克之間的衝突呢？

　　「不是說我們每次都能成功。」波希米博士繼續說道，「誰都不敢說這是件容易的事。但是，我們至少可以避免一些肯定會失敗的做法。說『衝突是違反職業道德的』，並因此禁止衝突存在，這就是其中最明顯的一種。如果我們把這些毫無希望的辦法換成至少有一點點成功機會的技巧……」

　　「我想知道會怎麼樣。」

　　「韋伯斯特，你正在思考一種最棘手的衝突，是嗎？」

　　「是的。」

　　「好吧，為了讓我們能走對第一步，先集中心力來研究另一個衝突吧。在我們這一行到處都有衝突，先選一個比較簡單的開始吧。」

　　「沒問題。」要找幾個衝突的例子一點都不困難。

　　「那麼你覺得這個衝突是可以接受的嗎？是否衝突的雙方都夠專業，所以即使發生衝突也還好？若是基於團體最大利益就必須去解決它，但它本身是不應該受到譴責的嗎？」

　　「好，我想是的。我不習慣這樣思考，但是你這樣說，我也能了解。」

　　「好。現在，每當面對衝突的時候，我要你重複這句小咒

語：『談判困難，調解容易。』」

「這是什麼意思？」

「大多數的時候，衝突雙方之間的談判通常都是零和遊戲。」波希米博士說，「比如說，如果你和我在做買賣的時候討價還價，那麼我所得到的任何東西都是你所失去的。」

「如果我是賣主，那麼給你打折就會使我自己少賺一點。」

「對。談判是困難的。有些人比其他人更精於此道，但是我們不可能希望每個人都有談判的天賦。但另一方面，調解就要簡單得多。」

「所謂調解，就是說由一個不涉及衝突的第三方來幫助我們達成共識？」

「對。當衝突雙方接受調解的時候，交涉的整個基調就會改變。現在，只要遵循一些簡單的規則和過程，再加上一點點運氣，調解人就很可能幫助衝突雙方達成有意義的共識。衝突雙方開始理解、尊重對方的需要，盡量思考以前從未想過的方案。交涉每進展一步，彼此之間的信任就會加深一層。用這種方法，至少會有成功的機會。」

「但是，我們怎麼開始呢？甚至，我們怎麼讓敵對的雙方同意調解呢？」

波希米博士用手指敲著桌子，加強自己的語氣：「不要在衝突的時候才去調解，這就是關鍵。衝突完全形成**之前**就去調解，這正是『全贏』的根本。甚至在專案開始之前，我們就要

先宣布：每個人的『贏』都是受重視的。在任何一個級別，我們都要有相關的規則來保證每個人都能贏。當然，衝突還是會有。但是，在任何衝突剛出現，還沒有變得很明顯的時候，我們就自動轉入調解模式。我們還要設立一個機構，安排一些受過訓練的調解人，隨時準備去救火。另外，我們還必須有一種公正的衝突判斷方法。」

「比如說，我的『贏』是否和你的正好互斥。」

「對。或者部分相斥。我強調『部分』，是因為你必須了解到：衝突中的雙方可能有95%的利益是相容的。如果他們注意不到這一點，就永遠不會知道如何在彼此的利益中取得折衷。而讓衝突雙方充分了解他們共同利益的範圍，這正是調解人的工作。」

「我確實可以看出談判的困難，就像你的咒語所說的。但是我想我還必須當幾次調解人，才能真正相信調解很容易。」

「當然，這會有幫助。」

「但是，我甚至還不知道應該如何開始。比如說，我在敵對雙方之間做調解人時，應該說什麼？」湯普金斯想像還有兩個人坐在他們的桌旁，「敵對的雙方。他們因為某個問題而吵架。我應該怎麼開始調解呢？」

「你最好先讓他們明白：他們根本不是敵對的雙方。你應該告訴他們：『你們兩個是站在同一邊的，跟你們作對的是這個問題。』」

當天晚上，湯普金斯搭上英國航空公司的最後一班飛機回到了瓦斯喬普。他還沒能完全吸收波希米博士的藥方，但是他至少看到了幾件必須要做的事。首先，他需要重視組織中的衝突，這樣才不會使它們被掩蓋起來。第二，他需要建立調解衝突的制度。有了這個開頭以後，愛德里沃利出現的衝突就有機會被明智地解決掉。至於他自己和貝洛克之間的衝突，他還是一點概念都沒有。

但是，這個衝突肯定是要解決的。無法解決的衝突將成為任何專案的喪鐘。在倫敦上課的間隙中，他聽到了一些關於聯邦航空局那些專案的傳言。這些傳言證實了貝琳達的猜測：在華盛頓當局和地區負責人之間有嚴重的衝突，正是這些衝突——從來沒有解決，甚至從來沒有被承認的衝突——讓專案最終成了災難。

他抑制住呵欠，從隨身包包裏抽出日記本，在小桌上攤開。

湯普金斯先生的日記：

衝突

- 只要在開發過程中有多個參與者，就一定會有衝突存在。
- 建立、安裝系統的工作中特別容易出現衝突。
- 絕大多數的系統開發團體都缺乏解決衝突的能力。

- 衝突應當被重視。衝突並不是缺乏職業道德的行為。
- 應當事先聲明：每一個人的『贏』都很重要。確保每個級別的人都能贏。
- 談判困難；調解容易。
- 如果兩個人的利益是完全或者部分相斥的,預先安排好,讓雙方透過調解來解決衝突。
- 記住:我們都站在同一邊;跟我們對立的,是我們要解決的問題。

18

衝突與調解

迪耶尼亞爾大師到PMill-A團隊已經有一個多月了，別人對他毀譽參半。一開始，他的經理奧斯曼·格拉底希就對他說，迪耶尼亞爾「沒什麼用」，儘管他的工作沒什麼壞處，「但這個傢伙大部分的時間都在跟別人聊天，我從來沒見過這麼愛說話的人」。很明顯，格拉底希想把這位新員工送回馬可夫准將的人事倉庫裏去，但是湯普金斯叫他晚幾個月再做決定。

美莉莎·阿爾伯對迪耶尼亞爾的評價則正好相反：「他是個不平凡的人，湯普金斯。他在你耳邊說個不停，但是說得很精采。」她讚賞不已，「我真想知道，他是怎麼讓別人感覺那麼好的。」

「我聽說他話很多，不過，他說的都是關於工作的事嗎？」

「從某種角度來說，是的。但不是關於工作中的技術。許多時候，他都在講故事，講關於人的故事——他在很久以前遇到過的人，在學校、在軍隊或在別的專案裏遇到的人。這些故

事都很有趣。但是，當然，這些故事都跟現在的專案有關，能給我們一些啟發。」

　　按照蓋布瑞爾的說法，迪耶尼亞爾那種特殊的魔力會對專案有幫助。也許說故事正是他的法寶。「你覺得他是有意這樣做嗎？講個相關的故事，給別人相關的啟示？」

　　美莉莎搖著頭：「我不這樣想。這傢伙天生就是說故事專家。他的故事總是跟目前的情況有關，那是因為他會很自然把現在的事跟以前的故事聯繫起來。這種聯繫天衣無縫，但並不明顯。至於迪耶尼亞爾，他只是抓住說故事的好機會而已。」

　　「我得見見他，我要親眼看看。」

　　「你必須給他多一點時間。他不是那種20分鐘就能結束交談的傢伙，不管話題有多簡單。你說的話總會讓他想到一個故事，或一首歌，或者二者兼有。」

　　「我會給他一點時間的。」

　　「他在午餐時狀況最好。跟迪耶尼亞爾共進午餐就像過一個節日，天天如此，你必須快點去才能抓到他。我可以告訴你，專案組中的年輕人非常喜歡他。他們不得不把自助餐廳裏的桌子搬在一起，騰出空間給所有想和他坐在一起的人。」

　　「如果他讓整個專案組都花兩個小時來吃午飯，我懷疑他是否真的對專案進度有幫助。」

　　「噢，我不擔心這個。畢竟，我們的員工們已經工作太辛苦了。他們日夜加班，而我們知道這個專案是毫無希望的。」

　　「這倒是真的。」

「至少我們沒有更多的人員流失。離職的申請已經沒有了。」

「這是個有趣的權衡。如果我們把跟迪耶尼亞爾一起吃飯的時間看成整個專案損失的一小時，但我們也避免了人員更替的成本。最後的結果是正面的嗎？」

「不用模擬器，我們也能知道結果。」美莉莎說。她扳著右手的手指，「如果每個新人需要至少3個月的時間才能進入狀況，那就相當於跟迪耶尼亞爾一起吃了600頓午餐。僅僅是那些撤銷的離職申請，就已經抵銷掉午餐時間的成本了。」

湯普金斯點頭表示贊同。

「但是還有別的，韋伯斯特。他正在專案組中營造一種文化，他是催化劑，他使團隊呈現一種我從未見過的景象。我說過，他會講故事，但是他也會聽故事。而且，有時他還會複述別人的故事。如果你講個故事給迪耶尼亞爾大師聽，他就會記在心裏。他是我們這個專案的口述歷史，他是我們經驗的保管者。」

電話鈴響了，比爾齊格女士不在座位上，湯普金斯自己拿起話筒。

「湯普金斯，我想看看你是怎麼給這些專案上緊發條的！你求我也沒用，我再也不會做『好人部長』了，我們倆的蜜月期結束了。」

「哦，阿萊爾，是你呀？真高興接到你的電話。」

「對，就是我，湯普金斯。盯緊一點，現在就去。我們該開始衝刺了。」

湯普金斯瞄了一眼倒數計時板，現在還是11月上旬，上面寫著：

到交付日只剩 211 天！

還有211天，他完全知道還有多少個工作日。「到6月1號，我們還有151個工作日，阿萊爾。現在開始『最後衝刺』是不是太早了點？」

「就我個人而言，我覺得我們應該第一天就開始衝刺，只是我一直想再善良一點、和善一點。好了，我不再這樣了。還有，順便說一句，到6月1號還有211個工作日，不是151。」

「啊，我們要每週工作7天，我明白了。」

「正是，把它記在備忘錄上吧。我還希望你們每天多工作幾個小時，從這個星期開始。」

當然，這很簡單。自從貝洛克下達命令以後，比爾齊格女士一直都在偽造每週的工作紀錄。現在，她只要把工作時間再多寫一點就好。另外，他自己也要寫一份每週7天的工作備忘錄，只送給貝洛克一個人看。「噢，我們編織了一張多麼緊密的網⋯⋯」❶

---

❶ 譯註：一句英國諺語，意思是說：撒謊是一件很複雜的事情，因為你必須記住以前說過的所有謊言，並且用更多的謊言去彌補它們的漏洞，不用多久謊言就變成了一張緊密的網。

「現在，進度怎麼樣了，湯普金斯？」

「保證在6月1號之前完工，不管加不加班。」哎呀，說錯話了。

「啊哈，真的嗎。我要修改交付日期，提前到5月1號。」

湯普金斯暗歎了一口氣。有些話他不得不說，儘管很可能沒用：「那將是件費力的事，我不知道，阿萊爾。我不敢說我們能在5月1號完工。也許可以，但是不能保證。」

「好，日期就這樣決定。」

「時間太緊了，不可能，或者說幾乎不可能。」

貝洛克把電話掛了。

當然，「不可能」和「幾乎不可能」，這正是貝洛克想聽的。這就是他決定日期的方式。只有這時候，湯普金斯才允許自己苦澀地想：如果我一開始就讓他相信，我們最初努力想達到的日期已經不可能了，那我們能避免多少麻煩啊！

湯普金斯與迪耶尼亞爾的第一頓午餐，真的花了2個小時。大師瘦高個子，鼻梁高高的，看起來60歲左右，但是有頭髮的地方還是烏黑的。從他光禿禿的頭頂四周，頭髮編成辮子搭在肩膀上。迪耶尼亞爾的眼睛，就像會放電一樣。

在愛德里沃利1號樓的草地上，他們在一張野餐桌上打開了三明治。「啊，大師，很高興你能抽空和我一起吃飯。」

迪耶尼亞爾搖著頭說：「『大師』這個稱呼讓我覺得好笑。到底迪耶尼亞爾是哪方面的『大師』？C語言的大師嗎？

還是除錯的大師？說實話，我什麼都不擅長。」

「什麼？」

「樣樣都懂，但樣樣都不精。既然你好心地告訴我你的名字，韋伯斯特，我也會告訴你我的名字：卡約。」

「好吧，卡約。不管怎麼說，我很高興能和你一起吃飯，卡約。我已經聽說了一些關於你的好消息。」

一個燦爛的微笑：「這讓我想起了一個故事……」

然後，就是一個很長的故事，關於卡約的祖父，他在馬克斯特附近的山上有一家旅館。故事講完的時候，湯普金斯已經吃完了自己的三明治，卡約則一口都沒動。這時候，顯然只有一種辦法給他吃東西的機會。「好，既然我們已經談到了你的祖父，」湯普金斯開口了，「我也有個有趣的故事……」

卡約拿起了三明治。

2個小時過去，他們還沒有結束的意思。兩人都講了些有趣的故事，兩人都很高興。而且，正像美莉莎說過的，他感覺很好。這是為什麼？是因為迪耶尼亞爾的魔力嗎？

在回愛德里沃利1號樓的路上，湯普金斯提起「衝突」這個話題，這是他這幾天裏想得最多的事情。

「噢，是的。」卡約點點頭，「總會有衝突，不是在這兒就是在那兒。對於一個話題，兩個人可能在大多數問題上都能達成共識，但卻只看到意見不一致的那部分。」

「那我們是不是應該做點什麼？」

「當一個小孩摔破了膝蓋的時候，他媽媽會怎麼做？一個

吻會讓孩子感覺好些，然後她會把孩子的注意力轉移到其他東西上面。在孩子意識到之前，傷口其實已經好了，然後他就把這回事全忘了。」

「比如說，她會講個故事來轉移孩子的注意力？」

「也許，或者別的什麼辦法。但是，別忘了那個吻，媽媽特別的一吻，就在傷口上。」

「你說，在我們的工作中，那個吻應該是什麼？」

「這就是問題所在。那應該是某種小小的儀式。一般而言，我不知道應該是哪種儀式。但是，在特定的情況下，它通常是很明顯的。」

當然，儀式應該是調解的開始。「我有點子了，卡約，我想試一下。」他簡單地說明了波希米博士「透過調解來解決衝突」的理論。

卡約贊同地點頭：「你知道，現在在學校裏也教調解的方法嗎？不是在幼稚園，而是在中年級。當同學之間發生爭吵的時候，他們教孩子們做調解人。我看過這些學生的教科書，整個課程只用兩個小時。你知道，那個年紀的小孩要用兩小時來學的東西，你只要十分鐘就能學會。所以，整個調解課程只需要十分鐘。而且，令人驚訝的是，那些孩子走到操場上，成功地解決了同學之間的爭吵。」

「談判是困難的，但調解很容易。」湯普金斯提示說。

「我猜也是。」大師說，「哦，我喜歡你說的『調解的開始應該是儀式』，我們要做的就是去找到媽媽那特別的吻。」

「留意一下，卡約，如果你看到衝突出現，請告訴我。我想試試這種新點子。」

大師馬上就發現了Quirk-B團隊中的一個衝突。經理勞倫・阿菲爾斯和首席設計師諾伍德・波力克斯大吵了一架，現在兩人的互動越來越困難了。湯普金斯把他們倆請到自己的辦公室裏，嘗試使用調解的「儀式」。他還邀請了迪耶尼亞爾大師參加。三個人都來了，比爾齊格女士把他們帶進來。

「你們看，」湯普金斯對阿菲爾斯和波力克斯說，「你們倆都選錯了衝突的目標，我希望我們能了解這一點，而不要把它們掩蓋起來。」他看著他們，希望他們能表示同意。

至少他們沒反對。他們倆靜靜地盯著湯普金斯，等待他的下文。

「衝突不應該受指責，至少在我們這個團體裏。」湯普金斯告訴他們，「衝突經常都是完全有道理的，我覺得你們都沒有什麼好羞愧的。但是衝突經常會成為我們的障礙，所以我們需要把它解決掉。」他戲劇性地停了一下，然後拋出了王牌：「我們都必須知道，你們倆不是對立的，真的。你們倆站在同一邊，和你們對立的是我們要解決的問題。」

當波希米博士第一次提到這句話的時候，湯普金斯受到了很大的震撼。但是現在，這句話顯得平淡無奇。阿菲爾斯和波力克斯呆呆地盯著他，連頭都沒點一下。湯普金斯扭頭看著卡約，希望他能給點幫助，但卡約只是聳聳肩。湯普金斯完全被

孤立了。

　　他繼續努力：「你們倆已經試過談判協商了。但是談判總是困難的。而另一方面，調解會容易得多。所以，這就是我們要做的。我會做調解人，我們會用一些基本的技巧來解決衝突，你們一定能達成切實可行的共識，然後進行更和諧的互動。現在，告訴我，你們之間有什麼問題？」

　　波力克斯不安地看著阿菲爾斯：「好吧，既然你都問到了……我不信任阿菲爾斯。別問我為什麼，我從來就沒信任過他，以後也絕對不會。」

　　「彼此彼此。」阿菲爾斯說。

　　長時間的沉默，湯普金斯考慮下一步該怎麼做、該說什麼。最後，他什麼辦法都想不出來。「嗯，卡約？」

　　卡約難過地搖搖頭：「媽媽的吻太多了。」他轉向阿菲爾斯和波力克斯：「我的朋友，勞倫和諾伍德，我希望你們能看到我眼中的對方：優秀的才幹，誠實而正直。我認識你們，也了解你們……但是很明顯，你們彼此並不了解。你們表現出來的就是這樣。我相信你們給了韋伯斯特一個難題，讓他不得不採取調解之外的其他辦法了。他會幫你們解決的，我可以保證。現在，你們先回去，讓我們來想一個解決方案，好嗎？你們可以信任我們，我們一定會讓情況有所改觀，讓你們都可以接受，可以減輕你們的壓力。」

　　阿菲爾斯和波力克斯起身離開。門一關上，湯普金斯轉頭盯著大師：「我到底哪裏做錯了？」

　　迪耶尼亞爾搖頭：「全都錯了。我從學校裏把這本書給你帶來了，韋伯斯特，12～14歲學生的調解指南。我多麼希望你在這兩位朋友身上實踐之前，能先抽點時間看看這本書。」卡約打開了這本薄薄的平裝書，翻到中間的一頁，遞給湯普金斯。

　　湯普金斯低頭看著這一頁。標題是「調解的五個步驟」，其中的第一步是：

　　一、取得同意。徵求衝突雙方的意見，讓他們同意你進行調解。

　　「噢。」湯普金斯說，「取得同意。我沒有這樣做，也許這是個錯誤。」

　　卡約眨著眼睛。

　　湯普金斯一拍額頭：「我應該先這樣做的，我應該先徵得他們的同意。」

　　「請他們同意調解，這就是我們一直尋找的媽媽的吻。你完全跳過了這個儀式，直接就進入了其他的部分。」

　　「嗯。」湯普金斯又看了後面的四個步驟。從字面上看，它們都很明顯，但實際上，他當時根本就不知道該如何進行。而且，他可能也破壞了步驟二到步驟五，就像破壞了步驟一那樣。他沮喪地抬起頭來：「我發現調解可能比較容易，但也絕不簡單。」

　　「完全正確。就像做煎餅一樣：看上去可能很簡單……」

「我沒有先做『家庭作業』，真是個大傻瓜。」

卡約溫和地點點頭：「而且你也不是合適的調解人。你幾乎無法成為**公正無私**的一方，而且你有權力命令他們。調解人所處的位置應該是沒有權力的。」

「我搞砸了。現在我們該怎麼辦？」

「現在，他們被迫去決鬥，而且一點退路都沒有。在我看來，調解人必須是在衝突雙方之間善於斡旋的人，幫助他們找到和解的可能性，幫助他們避免陷於困境。」

「啊。」

「但是他們已經身處困境了。現在你必須重新分配他們其中一個，這會造成損失，但是可以避免造成更多的損失。至少，這比放任問題惡化要好。」

當天下午，湯普金斯做完了「家庭作業」：他從頭到尾讀完了《學生調解指南》（*The Students' Guide to Mediation*），其實只有60頁。他叫比爾齊格去替每個員工訂購一本指南，然後又給所有人寫了一封公開信，說團體將關注並重視每個人的利益，調解他們之間出現的爭執。最後，他給蓋布瑞爾安排了一個小小的任務：蒐集並記錄各級員工的利益，分析他們之間潛在的問題。

在阿菲爾斯和波力克斯之間調解失敗讓他非常困窘，因為很明顯，一開始他就有更好的處理方法：他本應該讓迪耶尼亞爾去調解的。這位「大師」是中立的，而且也沒有權威，他還

知道調解的方法（在幼稚園待了那麼多年，你總會學到一點解決衝突的辦法），而且他天生人緣就好。湯普金斯給大師發了一個簡單的電子郵件，希望他以後能做團體中的調解人。沒過多久，就回信了，標題是「很樂意幫忙」。郵件的簽名檔是一首小詩：

> 通往智慧的路啊，明白而簡單，
>
> 我們一錯再錯，一錯再錯，
>
> 但會越來越好，越來越好。
>
> —— Piet Hein

湯普金斯先生的日記：

催化劑的角色

- 有一種人具有催化劑的效果。這樣的人會幫助團隊成形並凝聚起來，保持團隊的健康和生產力，從而對專案有所貢獻。就算催化劑什麼事都不做（其實通常他們還會做很多事），這種催化劑的角色也是重要而有價值的。

- 調解是催化劑的一項特殊工作。調解是可以學的，而且只需要很小的投資就能學會。

- 調解應該從一個小小的儀式開始。「我能幫你們調解一下嗎？」在解決衝突的時候，這是必要的第一個步驟。

間奏

自從貝洛克命令一週工作7天以來，這是第一個週末。當然，幾乎沒有人知道這個命令，因為儘管湯普金斯的「新工作時間」備忘錄是寫給所有員工的，但實際上只交給貝洛克部長一個人。

湯普金斯和貝琳達兩人坐在辦公室裏，門緊閉著。「貝琳達，我開始覺得自己像是個精神病人。我就像一個生活在謊言中的人，分不清謊言和真實。我們修改了送到科撒奇去的工作時間，我們虛構了根本不想實施的政策，我們隱藏了B和C專案的存在。我不斷地向貝洛克保證能按時完成任務，儘管明知那是不可能的。一定有什麼東西錯了，錯得離譜。」

貝琳達聳聳肩：「這是一定的，但不是你的錯。」

「不是嗎？一個誠實的人在這種情況下會怎麼做？答案一定不會是任由謊言穿過他的牙縫。」

「你不要這樣想，韋伯斯特，答案很明顯：一個誠實的人

會在沙灘上畫一條線，並嚴守自己的立場。你的確這樣做了。你一再告訴貝洛克這一切，我記得的。」

「的確。但是……」

「但是，他故意不聽你的，逼得你除了欺騙他之外別無選擇。所以，現在你開始欺騙他。的確有問題，但卻是他的問題，不是你的。」

「其實也是我的問題。畢竟，我是那個不得不撒謊的人。我應該離開，貝琳達，真的應該。這才是值得尊敬的做法。」

「想想我們為什麼來這兒，韋伯斯特。專案管理實驗室。我們想找到推動專案運轉的因素。現在我們離目標已經很接近了，我們不能現在離開，不然就失去所有的樂趣了。」

「活在謊言之中可不是一種樂趣。」

「的確不是，我很同情你。你付出了良心上的代價，我們才能這麼開心、這麼專注地工作。但是這一切都是值得的，韋伯斯特，我們只需要再堅持一陣子。而且，還有件事：你可以走，我也可以，蓋布瑞爾也可以。但是有很多人走不了。你是他們的緩衝器。如果你走了，就等於把他們都扔給了貝洛克。」

「我知道。我一直這樣告訴自己。只不過，我還是不喜歡自己那麼卑劣，撒那麼多的謊……」

「這就好像一個人對搶匪撒謊說他沒錢，儘管他知道在錢包裏有20美元。」

「但這也是謊話。」

「可是他，貝洛克，也是個惡棍。」

「我這個週末一直在想這個，貝琳達。我說過，所有的人都會在週末加班工作。但是當然，他們不會，因為我根本就沒有要求他們加班。我想，至少，週六和週日我自己必須待在這兒。這樣，我還能保持一點尊嚴。」

「韋伯斯特，你這個大傻瓜！美好的天氣、變幻的色彩，印地安的晚夏，這將是今年最美的一個週末。你應該出門去，貝琳達醫生建議你去度一個完整的週末。沒有選擇餘地，也絕不是開玩笑。」

「謝謝妳，貝琳達醫生，但是我想我必須留下。」他凄涼地望著窗外。的確，這會是一個美妙的週末。「我就是覺得不應該出去。」

「好了，我們必須經過幾個步驟。我們來看看。」貝琳達走到窗口，背對著他。她放鬆肩膀，做了個深呼吸。然後，她一直保持沉默，湯普金斯覺得她的思緒好像都飄走了。也許是真的。他從來都摸不清她的心裏到底想什麼。有時候，她才華橫溢；而其他時候，卻又那麼乖僻。他完全依賴她的判斷，又不得不猜想她是否完全從身心疲憊中恢復過來了。她穿上了亞麻布夾克和襯衣，看起來像個高階管理者，但是到哪裏都赤著腳……

最後，貝琳達轉過來看著他：「我有個計畫，老闆，一定有用。我們宣布一個三天的假期，把所有煩人的事『鎖起來』，強迫所有的人都放三天假。」

「貝琳達！」

「這對他們是天大的好事。」

「但是，貝洛克——他一定會發現的。」

「當然。所以，我們會讓比爾齊格女士在時間表上顯示：每個人每週都工作了168個小時。」

「為什麼是168個小時？」

「7天乘24小時。」

「這就是你的辦法？不是說個小謊，而是說個大的？貝洛克一眼就會看穿。」

「當然，他會。但是他又能怎麼樣？他拿我們沒辦法。關鍵是，我們向他挑戰又不逼他必須迎接挑戰。他可以選擇睜隻眼閉隻眼。他一定會這樣選擇的，韋伯斯特，我敢保證。」

這看來好像有點瘋狂，但正是這個覺得有責任在週末裏工作的韋伯斯特‧湯普金斯，在宣布三天的假期之後，輕鬆地享受這難得的休息。沒有任何道理，他決定不再去想這件事了。

員工宿舍裏有一輛俄羅斯製造的黑色拉達轎車，是為來客準備的。湯普金斯先生發現，這個週末只有他一個人登記用車，這輛車是他的了。他帶著午餐，往東北方向、摩羅維亞內地駛去。

最近，從迪耶尼亞爾大師那裏聽到關於他祖父在馬克斯特附近那家旅館的故事，湯普金斯幾乎感到那個地方就是自己家族史的一部分。現在，迪耶尼亞爾家的人還在經營那家旅館。

湯普金斯讓大師畫了一個簡單的路線，他想到那裏去度週末。如果沒有意外，他可以悠閒地享受馳騁鄉間的樂趣。晴朗的天空萬里無雲，路旁綠樹成蔭，好一幅美景。

按照大師的路線，他應該從港市昂利喬普向東，在快到馬克斯特的時候就能看到北方4號公路。現在，在兩條路相交的地方，他看到一個黑紅相間的標示牌上寫著「北方4號公路」。現在應該做的，他想，就是在下一個標示處轉向。大師向他保證，北方4號公路上的標示非常清楚。他繼續向前開，一路找這個標示，但是一直沒找到。

過了幾分鐘，他發現自己到了馬克斯特的週末市場，交通一片混亂。他已經走得太遠了。他調轉車頭，沿路返回。在離開馬克斯特的路上，他看到了北方4號公路的標記，但是他繼續開，再次調頭，再從西邊過來，看自己為什麼第一次沒看見這個標記。完全是無聊的好奇心在作祟。是因為另一個方向沒有準確地標出這個路口嗎？還是因為這個標記從西邊並不容易發現？令他吃驚的是，兩個答案都不是：這個標記很大也很顯眼，明白地指向北方4號公路。湯普金斯感到不解，為什麼第一次會沒看見呢？

湯普金斯又一次調轉車頭，回到兩條路相交的地方。寫著「摩羅維亞北方4號國道」的盾形標示牌被一條斜線分成了紅、黑兩塊區域，上面的字是白色的。他又回過頭來，到了北方4號公路與昂利喬普的地方公路分開的地方，這才明白為什麼一開始沒看到路牌。這塊路牌不是寫著白字的紅黑兩色盾形標示

牌，而是普通的白色圓形標示牌，上面寫著黑字。很明顯，4號公路從國道變成了地方公路。因為他一直在尋找紅黑兩色的盾形標示，所以就對別的標示視而不見了。湯普金斯暗自笑著，朝北方駛去。

就連「鼻子長在臉上」這麼簡單的事情，你也可能看不見──假如你完全相信它不在那兒，湯普金斯心想。他完全相信自己要找的路標應該是紅黑兩色的盾形路標，他完全是這樣認為的。所以他只是自信地看了一下路標，就開過去了，根本沒注意到那塊黑白兩色的標示牌告訴他4號公路已經轉向北方了。顯然，應該被嘲笑的是他自己，多可笑啊。真的，沒有比嘲笑自己更好笑的了。

然後，漸漸地，這件事開始沒那麼好笑了。最後，它看起來一點都不好笑。他放慢車速，最後停在路邊。他熄掉引擎，靜靜地坐著，望著遠方的森林。標示牌這件事不只是他的一個小小的邏輯錯誤，遠遠不止如此。這是人類基本的錯誤。至少，這是湯普金斯基本的錯誤。回想職業生涯中犯下的一些重大錯誤，一個常見的模式浮現在他眼前。每一次，他都會知道一些以前不知道的重要情況（在北方4號公路轉彎的地方會有紅黑兩色的盾形標示牌）。每一次，他都沒有意識到：他「知道」的一些事情將被證明是錯的（標示轉彎的牌子**一定**是紅黑兩色的盾形標示牌）。然後，每一次，他的注意力都集中在發現未知的事物，而不是重新思考已知的事物。

「這是我的缺點。」他想，「也許這也是其他人的缺點，

不過肯定是我的缺點。這正是我犯錯誤的根源。我太相信自己的經驗，所以即使有明顯的標記證明我『知道』的東西是錯的，我也會視而不見。」

　　湯普金斯靠在椅背上，盯著灰色的車頂，放鬆大腦。現在，他絕對知道、但又完全錯誤的事情是什麼？他現在的盲點是什麼？直覺告訴他，一定有什麼東西，有一種可以讓愛德里沃利的專案發生巨大變化的東西存在，只不過他還沒有找到。在他所有的假設中，也許有什麼地方是錯誤的。如果他現在能找到這個錯誤，也許就能看到以前一直忽略的一些事情。他閉上眼睛沉思著，檢驗並質疑即使是自己最深信不疑的東西。他似乎聽見亞里士多德的聲音：「不要考慮加法，考慮減法……」專案中可以減去些什麼？怎樣才能讓所有的人工作更有效率？他抱持的錯誤觀念，讓他不見泰山的那片落葉，是什麼？

　　他直起身子，前思後想。他停下來的地方非常漂亮，路旁有一道緩緩的山脈，下面是一條迷人的山谷，有段鐵路沿著小河延伸沒入遠方。在山谷的盡頭，小河流進了一個池塘，池塘在落日的餘暉中閃爍著粼粼波光。這是絕佳的野餐地。他從行李箱裏取出餐盒和毛毯，找了個斜向山谷的未開墾石坡坐下。悠閒享用午餐之後，他在石坡旁的草地上打了個盹。雖然還是沒有發現自己錯誤的假設是什麼，但是他知道，總有一天會發現的。現在，他已經注意到它了，它就藏不了多久了。

　　在回去之前，他從箱子裏拿出日記本，飛快地記下了自己的想法：

人類的錯誤

● 置你於死地的，不是你不知道的東西……而正是你
「知道」絕不會置你於死地的東西。

19

專案的人員安排

　　亞里士多德・科諾羅斯起得很早，他通常都是第一個到公司的人。這天早上，湯普金斯一到辦公室，比爾齊格女士就告訴他：這位摩羅維亞第一個程式設計師正在等他。湯普金斯走進辦公室，看見他斜靠在桌子旁，盯著自己畫在白板上的一張矩陣圖。

　　「這是一張成績單。」科諾羅斯說，「我根據團隊內的設計成果給他們打了分數。這不是為了考察設計的品質，只是看他們是否做出了設計。如果你已有了一個低階的設計，能發揮藍圖的作用——也就是說，它能夠確定所有的程式模組和介面——那麼我就給你一個『A』。如果你什麼都沒設計出來，就只能得『F』了。設計程度在這兩者之間，就得到中間的分數。看這張表。」

　　湯普金斯坐下來，邊攪拌咖啡，邊研究著這張表。

產品	A團隊	B團隊	C團隊
Notate	F	A	A
PMill	F	A	A
Paint-It	F	A	B
PShop	F	A	A
Quirk	F	B	A
QuickerStill	C	A	A

「再跟我說一遍，F是什麼意思？」

「F的意思通常是指：專案製造出了行政性的文件，並把它叫做設計。一般來說，這些文件只是用文字描述了對軟體內部結構的一些早期構想而已。」

「用你的話來說，這不是真正的設計。」

「對。當然，之後會產生一個設計，那是程式的副產品。但是被叫做『設計』的行為卻沒有做出真正的設計，所以只能得到F。」

「嗯。所有的小團隊都得了A或B，大團隊則都得了F，這是怎麼回事？」

「我還想問你呢。這是個難題。」

「首先，我注意到：如果沒有一個好的設計，那麼『先知』所說的『最後一分鐘實作』就不可能實現。」

「非常好，韋伯斯特，你開始進入狀況了。」

「我還不確知為什麼A團隊會這麼慘。我可以肯定的是：他們根本不可能像我們希望的那樣進行寫程式之前的設計。」

「完全正確。實際上，他們根本不會實施『最後一分鐘實作』。這六個團隊都已經開始寫程式很久了，我沒能說服他們將實作延後。我試過了，但是沒有成功。」

「其他團隊呢？」

「雖然程度不同，但是所有的B、C團隊都在嘗試先知的方法。他們都在努力延後實作，並在寫下任何一行程式之前先盡可能地檢查。其中一些團隊甚至嚴格地將寫程式延遲到最後6個星期。」

「A團隊沒有這樣做？」

「沒有。」

「好吧，我認輸了。這是為什麼？」

科諾羅斯重重地坐在湯普金斯的安樂椅上，咧嘴笑著，但是沒有回答。

湯普金斯又問一次：「為什麼A團隊都沒能做出設計？」

「太大了。」

「什麼？」

「這就是我的理論。這些團隊太大了。在本應該做設計的時間裏，他們有太多的人牽扯進來。設計是應該由小團隊來做的，你可以讓三個、四個或五個人聚在白板前，一起進行設計。但是，你無法讓20個人圍在白板周圍。」

「我還是不知道這會對設計有什麼影響。你可以讓三到五個人去做設計，其他人去做別的工作呀。為什麼不呢？為什麼他們不能去做別的事？」

「有什麼別的事？」

「我不知道，總有什麼事可做吧。」

「設計是將『整體』劃分為『部分』的關鍵。只要做完了這一步，你就可以把小塊的工作分配給下面的人，讓他們分別去完成。但是在此之前，你沒有小塊的工作，只有一個整體。既然問題是一個整體，員工們就只能以一整個團隊來處理它了。」

「這也不能解釋他們為什麼跳過設計階段。如果這件事該做，就應該去做。經理可以讓一支小團隊去做，讓其他人耐心等著。如果沒有別的事可做，就讓他們到一旁坐著。」

「對。我想這就是QuickerStill-A團隊的情況。」科諾羅斯說，「但是，請從專案經理的立場來想想你的『解決方案』。假如你正在管理一個大型專案，你的團隊從第一天開始就有30個人，你還有一個緊迫的時間表——這正是他們給你那麼多人的原因。現在，你能讓25個人到一旁去坐兩個月嗎？」

「我明白你的意思了。他們會造反的。」

「當然。而且，你會成為眾矢之的。想像一下，你要怎麼去見你的老闆，還有你老闆的老闆？你必須在6月1號之前完成任務，但是一大半的人都在消磨時間。」

「嗯。看來我不像一個真正的經理。」

「你不像。那麼，你想怎麼做？」

「好吧，我得替那些人找點事做。」湯普金斯說，「我想，我應該去把整個問題切成小塊，再分配給他們。」

「對。既然根據定義，設計就是按照合理的方式將問題切分成小塊，那麼你就應該盡早完成分配，從而縮短設計的過程。」

「我明白了。之前我為了分配工作而進行的任務劃分，反倒成了設計的笑柄。是不是呢？」

「不完全是，但是八九不離十。的確，在設計完成之前，總有些小事可以消磨時間的。但是，如果你想讓許多人都有工作，這些小事根本就不夠。」

「為了讓所有人都能做關鍵路徑上的工作，我必須適當地劃分設計。」

「現在，你該明白為什麼他們最後沒有任何設計了。」科諾羅斯說，「你粗略地把整個工作分成五塊或者十塊，這樣你就可以讓五個或十個設計團隊一起工作。粗分是一個設計步驟，但是你並沒有把它當成一個設計步驟。你其實是把它當成一次人員分配。」

「而最初的這次粗分，就像你說的，其實是設計的核心。」

「是的。而且，既然沒有人直接負責審查它的邏輯，它就會一直是設計的核心。結果就是沒有設計。更糟的是，寫程式和測試是最消耗人力的工作，所以總會有一種誘惑，讓經理們想立刻開始這些工作，哪怕根本還沒完成任何設計。」

湯普金斯還不相信：「如果真是像你說的，那麼大多數專案在設計階段都存在嚴重的人員超編。所以，大多數專案都無法真正完成設計。」

科諾羅斯苦笑著說：「恐怕事實正是如此。就在某個地方，就在今天，某個新的專案又開始了，它從第一天起就嚴重超編。這個專案會完成所有的步驟，起碼看上去是這樣，但是根本不會有真正的設計。軟體內部的結構會不斷發展，但卻沒有經過真正的設計思考或審查。然後，也許幾年之後的某一天，需要重新做這個產品的時候，新專案組的一個成員會對設計進行徹底整理，他會重新組織出真正的設計。而下面會發生的就非常可悲了。」

「什麼可悲的事情？」

「這個推翻舊設計的人，才是第一個真正去看產品設計的人。」

在這天大部分的時間裏，湯普金斯反覆想著「早期的超編妨礙了明智的設計」這個概念。如果科諾羅斯所說的在某種程度上是正確的話，其影響將遠遠超出愛德里沃利一地。這意味著整個軟體產業都處在「非最優」（suboptimized）的狀態，也就是只注重早期的團隊建立，並做一些隱瞞真正核心設計的工作。

貝琳達在午飯後散步過來，湯普金斯把這整套想法告訴她。她看來並沒有被打動：「這有什麼稀奇？管理就是不斷的妥協折衷，一件需要妥協的事就是設計。為了讓人們有事做，你就必須接受不夠完美的設計。」

「不夠完美，至少也還有吧。但是，假如是完全沒有設計

的話，又怎麼辦？」

「總會有設計的，只是不夠好而已。哪怕設計階段完全是虛構的，也會有個設計，否則，未來的專案組成員就永遠無法從程式中重新設計了。」

「好，我接受。我們講的不是有沒有設計的問題，而是在講設計品質高低的問題。既然需要模組劃分的時候沒有人真正考慮設計問題，那麼模組劃分這部分就是做得不好。」

貝琳達把白板擦乾淨。「現在，這就是我們要處理的，就像這樣。」她飛快地畫著，「這是我們系統的整體，這是各部分的劃分。」

整體　　　　　　部分

「這只是一種劃分方法，還有無數種別的方法。比如說，這就是另外一種。」她又在第一種劃分方法的旁邊畫上了第二種，「為了判斷哪種劃分方法更好，我們需要考慮最後的介面。不必太正式，我們都知道：介面越多，系統就越複雜，劃分就越差。」

「當然，的確如此。」湯普金斯補充說，「不管劃分的是什麼，不管是在劃分系統還是在分配工作。」

貝琳達點點頭：「你算說對了。現在，我們加上各部分之

間的介面。我們現在做的就是所謂的『設計評估』，因為我們要選擇介面組合最簡單的劃分方法。」

這種劃分方法？  還是這種？

「那麼，我們會選擇右邊這個。」湯普金斯像一個過於熱切的孩子那樣大聲說道。

「對。我們會選擇它，因為各部分之間的介面更少。現在，我們把這些部分分配給團隊的成員。人員的劃分形式跟系統的劃分形式是相同的。」她又畫了一些。

產品的各部分  專案組的各部分

「團隊中人與人之間的介面跟系統各部分間的介面是同型的，所以……」貝琳達指指兩邊的介面圖，「……比如說，3號和4號這兩個人之間的介面，就跟產品的3號和4號部分之間的介面是同型的。」

她坐下來，回頭看著這些圖：「現在我有點沮喪。如果模組劃分的工作在設計之前完成，人與人之間的介面一定比實際需要的複雜得多。」

「這是一定的，」韋伯斯特表示贊同，「而且人與人之間互動的資訊也必定增加。如果先劃分模組，那麼為了完成工作，人們不得不與同事有更多互動，互動也會更複雜。結果他們各自獨立工作的可能性更小了，會有更多的電話、更多的會議和更多的挫折。」

她做了個鬼臉：「嘿，我想這正是我們以前的故事，韋伯斯特。拙劣的介面、挫折、太多的會議。這一切都是因為早期的人員超編嗎？」

「我已經開始這樣想了。」

比爾齊格女士敲敲門，告訴他們PShop-C專案的經理愛弗瑞爾·阿特貝克來了。湯普金斯趕緊招招手，讓愛弗瑞爾進來。

「嗨，朋友們，能讓我說兩句嗎？」

「當然可以。」湯普金斯對她說。他指指貝琳達對面的椅子：「有什麼事？」

愛弗瑞爾坐下來：「需要管理階層介入了，需要你們幫忙。」

「噢，好，妳需要什麼？」什麼都可以，除了時間，他暗想著。

「很多很多的人。」

「啊。」湯普金斯呆了一下，回憶著他「保持B、C團隊

人事精簡」的理論。「我們保持妳的團隊精簡，愛弗瑞爾，不是為了省錢。我們是擔心妳的團隊超編。妳看，就在妳進來之前，我們正在討論一些不幸的後果……」他站起來，走到白板旁邊，準備開始講課。

「我全都知道，韋伯斯特。」愛弗瑞爾打斷他，「我知道這些道理。但是我的專案發生了一些變化。我們已經完成了一個激動人心的設計，非常漂亮，就連亞里士多德也說這是他所見過最漂亮的設計。當然，他給了我們很多幫助，使這個設計更優雅、更完善。最近幾個星期，我們對它做了書面審查和測試，證明了它的可行性。當然，這些工作還沒有做完，但是已經快了。我們可以看到，下一步的工作將是非常細節的。這就是我們需要人手的原因，韋伯斯特。我手下有7個人，現在正好夠用：5個設計師和2個技術支援人員。但是，從現在開始的2個月，我們需要增加20個人。」

貝琳達興奮地對他說：「你看不出來嗎，韋伯斯特？這是硬幣的另一面。剛才那幾個小時，我們一直在談論設計之前人員超編的害處。但是，他們的設計已經快完成了。如果我們把設計看成關鍵的功能劃分工作，那麼他們已經完成了。現在，愛弗瑞爾需要更多的人，把劃分好的工作分配給他們。」

「對，我只是想給妳一些建議……」

貝琳達已經按捺不住地問：「你們劃分了多少塊，愛弗瑞爾？」

「嗯，1,677個模組，1,300多個資料項目，18個檔案結

構，20個……」

「聽起來，就算給你20個人也不夠用。」

「的確。我不想那麼貪心，但是我大概需要35個人。我們有大量的模組要寫程式，需要大量的驗收測試（acceptance test），有很多程式審查要做，還有一些文件整理工作。所有工作都已經做好了說明，就等著分配人來做了。大概再6～8個星期……」

貝琳達站了起來：「給她，韋伯斯特，給她35個人。這就是我們的突破點。」

「等一下，我們不能在2月一下子就交給愛弗瑞爾35個人。這樣會打斷她的進度，她不得不把所有的時間都用來帶這些新人上路。」

「那就給她35個了解她的專案的人。」

湯普金斯有點迷惑：「我們上哪兒去找35個了解PShop細節的人呢？」

「當然是A團隊。」貝琳達說。

愛弗瑞爾走了以後，貝琳達和韋伯斯特留下來，討論這件事。

「我想妳是對的，貝琳達，毫無疑問。如果我們可以不受拘束，是應該要這樣做的。但是在目前的情況下，我們不知道……」

「『有原則的人會怎麼做？』這不是你以前常問的問題

嗎？而你得到的答案肯定是：首先滿足專案的要求，盡量幫助他們把工作做好，讓他們盡快完成任務。這是你一直遵循的原則。現在，你就應該拆散A團隊，讓這些人到B、C團隊去，很明顯這是所有人的要求。」

湯普金斯努力穩住聲音：「貝洛克會把我們給吃了。就在週末之前，妳建議我向貝洛克挑戰，同時也給他機會對此視而不見。如果我們再用這個向他挑戰，他就沒法再視而不見了。他不得不行動，是我們逼他的。」

「不管怎麼說，我們早晚都得這樣做的。」

「早晚，對，但不是這個星期。愛弗瑞爾說她可以等2個月，那就給我2個月，到時我就會拆散A團隊，我保證。」

「她要求2個月之內給她這些人，但是真實情況是：最好現在就給她四、五個人，構成團隊的核心，以後再逐漸擴展。」

「我知道，但是我們必須等待。我非常希望能再等1到2個月……」他放低了聲音。再過1、2個月，萊克莎就會回來了，這才是他希望的。也許元首也會重新掌權，把貝洛克再次送回他以前的籠子裏去。

貝琳達皺起眉頭：「愛弗瑞爾的專案不是關鍵問題，PShop是個相對比較大的專案，如果她希望在2月增加35個人，那你猜猜看，QuickerStill的B團隊和C團隊、PMill的B團隊和C團隊現在是什麼情況？那些比較小的專案可能比愛弗瑞爾走得更遠。我們必須拆散所有的A團隊，韋伯斯特，必須現在就開始。」

　　他低頭盯著手看了好一會兒。「我知道。」他低聲說。

　　貝琳達又走到白板旁邊：「當詳細的低階模組設計完成以後，就到了劃分工作的時候。不光我們的專案如此，所有的專案都如此。這告訴我們這些年一直都忽略的事，也是我們的整個產業都忽略了的事。你看，我們習慣了像這樣組織專案團隊。」她飛快地在白板上畫著，「但是理想的組織團隊的曲線卻是完全不同的。」

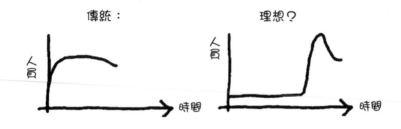

　　湯普金斯努力把注意力集中在圖上，不去想人員轉移的難題：「唔……理想的人員配置。對，我想妳是對的。這正是眼前的事實所說明的，而且和傳統觀點背道而馳。我承認，我從來沒有像這樣配置過人員。到目前為止，從來沒有過。」

　　「我倒是這樣想過，現在也正這樣想。但是，這種讓我一直保持精簡、直到很晚才加入大量人員的專案，一般都是不那麼重要的。我從來沒有在關鍵的專案開發中這樣做過。也許，現在我應該這樣做。」

　　「嗯。」

　　「韋伯斯特，也許這能解釋我一直感到疑惑的一些事情。

我一直暗自懷疑，也可以說是極度厭倦的懷疑：不管什麼時候，如果專案的時間安排得太緊，它們就會失敗。我是指那種成員被明確告知時間安排緊迫的專案。我總是覺得，如果這些專案開始時的時間安排不那麼緊迫，它們反而能提前一兩個月甚至一年時間完成。」

湯普金斯笑著說：「我們還應該做這樣一個實驗：兩個專案做完全相同的產品，其中一個時間安排很緊，另一個則比較合理。」

「時間安排合理的專案會更早完成，我敢保證。」

湯普金斯先生的日記：

人員安排

- 在早期，人員超編會迫使專案跳過關鍵的設計階段（這是為了讓所有的人都有事可做）。
- 如果在設計完成之前，工作先被分給許多人，那麼人與人之間、工作小組之間的介面就會很複雜。
- 這會使團隊內部更互相依賴，會議時間、重複工作和無效工作都會增加。
- 理想的人員安排是這樣：在專案的大部分時間裏由小型核心團隊來做設計工作，在開發的最後階段（時間安排的最後1/6）加入大量的人手。

- 很糟糕的猜測：時間安排緊迫的專案，與時間安排較為合理的專案比起來，完成的時間反而會更長。

20
減少無效會議的方法

　　這天早上經過接待處的時候，湯普金斯發現傳真機正在接收一份傳真。他看看已經出來的部分，開頭處寫著「我親愛的韋伯斯特」。他的心猛然一跳：只有一個人會這樣稱呼他。他給自己倒了一杯咖啡，整份傳真也傳完了。他拿起傳真走進自己的辦公室，關上門。也許，傳真上會寫著，她就快回來了。

我親愛的韋伯斯特：

　　我又替你找到一位很優秀的顧問，今天下午我把他送上了飛機。乖乖的，明天9點去接他吧。

　　不用擔心我，我很好，沒遇到什麼麻煩。（我能有什麼麻煩呢？）另外，你也不用著急，只要我一回來，馬上就會接手負責所有的事情。

愛你的萊克莎

這是什麼意思？噢，你永遠也別想搞懂像萊克莎這樣複雜的人。反正時間會說明一切。至少，看來她好像快回來了。

沒有提到她在哪裏，但是有個小小的線索：傳真上有一個時間，「11: 58 pm」。摩羅維亞的時間還不到早上八點，也就是說，紐約大約是凌晨兩點。所以，萊克莎發傳真的地方一定是在紐約往西兩個時區，也就是山地時區。他打開一張世界時區圖，看到山地時區包括了阿爾伯達省、薩斯喀徹溫省、蒙大拿州、愛達荷州、懷俄明州、科羅拉多州、亞利桑那州和新墨西哥州。他閉上眼睛，想像萊克莎在其中的某個地方……不久，他覺得她可能在新墨西哥州。

如果她在當地時間昨天下午把這個新人送上飛機，那為什麼這傢伙會到今天晚上九點才到呢？啊，她一定是說今天早上九點。他跳了起來，看看錶——他必須趕快到機場去接他，馬上。

只有一個人從飛機上下來——一個高高的、有著紅色鬍鬚、看上去有點迷惑的男人。他搖搖晃晃地走向湯普金斯，問道：「我在哪兒？」

「摩羅維亞。」

「我的天啊。」他詫異地四下張望，「我遇到了一個很不尋常的女人。她參加了我在聖塔菲的培訓班，然後我們一起吃了一些東西。她問我是否願意到摩羅維亞當一天顧問，我說願意，除了一件事：我發誓絕不坐飛機。她告訴我，坐先進的噴

氣式飛機旅行幾乎毫無痛苦，你知道的第一件事就是你已經到達目的地了。接著，她舉起杯子，說『乾杯』，於是我就喝了，然後……」

「……然後，你知道的第一件事，就是你已經到這兒了。」

「對。真了不起。」

「順便問一句，她怎麼樣？」

「噢，很好。可愛、活潑、令人著迷。我有一種感覺，她不只是漂亮，還有一些更深層的東西。」

「你知道的還太少呢。」

「她說『乾杯』，然後就是空中小姐把我叫醒，告訴我該下飛機了。你看，難道你不覺得她……」

「我知道。」湯普金斯先生伸出右手，「順便告訴你，我叫韋伯斯特‧湯普金斯，你的客戶。」

「噢，很高興見到你，我叫哈利‧溫尼佩格。」

湯普金斯有一點印象：「哈利‧溫尼佩格，作家？你寫過很多書，如果我沒記錯的話。」

「對，也算『著作等身』吧。」

「感覺怎麼樣？我是說，在那麼多書上都有你的名字，那種感覺怎麼樣？」

「糟透了。每當我想到一個可以寫在新書裏的好點子時，總得仔細想想是不是在以前的書已經用過了。」

「你記不得了？」

「是呀，我總不能把什麼都記起來。有時候，我拿起自己20年前寫的書來翻翻，會覺得那像是別人寫的。」然後，一個謙虛的微笑，他補充說：「不過，通常會覺得那書相當不錯。」

「那麼，為了保證不會重複，你會怎麼做呢？」

「我請了一個全職研究員，他什麼事都不做，就讀我寫的書。對了，有早餐嗎？」

「有的，很快。」他讓他的新顧問坐進學院那輛舊別克的後座，讓司機開到瓦斯喬普老城去，那裏有幾家不錯的小咖啡館。他回頭對這位新客人說：「告訴我，溫尼佩格博士，你是做什麼顧問工作的？我是說，你的專業領域是什麼？」

「你看，我自己也經常在想這個問題。很多時候，我只是四下搜尋問題。」他盯著湯普金斯先生說，「但是，我有一種預感：你會告訴我，你根本沒有任何問題。噢，也許會有些小小的煩惱，不過沒什麼大不了的。」

「喔，很高興聽你這樣說，你真的很敏銳。實際上，這正是我想說的，你是怎麼知道的呢？」

溫尼佩格博士看起來很開心：「人們有很多問題的時候，總是會這樣說。」

「哦。」

汽車繼續向前開，車內一陣沉默。

「既然你這麼了解我們，溫尼佩格博士，也許你還能猜出我們的問題？」

一個大大的呵欠，他還沒完全清醒過來。「噢，當然，人的問題。這是最常見的。」

湯普金斯想了一會兒：「如果我告訴你，我的一個專案經理莫名其妙地發怒，你會說什麼？」

「我會說，你有一個**人**的問題。」

湯普金斯向美莉莎・阿爾伯介紹了溫尼佩格博士，讓她帶溫尼佩格去參加PMill-A專案的週例會。直到下午，這位新顧問才又出現在湯普金斯面前。

「憤怒的經理已經沒事了，韋伯斯特。你不用再擔心這件事。」

「是嗎？」

「對，我把他降職了。」

「真的？」

「對。」

「他能接受嗎？我是說，他並不是為你工作的。」

「何止是接受啊，他就像溺水的人抓到救生衣一樣。我知道，你和美莉莎會把細節搞定的。總之，奧斯曼被降職了。」

「呃……」

「我還不知道要把他放到哪裏，總之他不再負責PMill-A專案了。」

「好吧，我會給他找個去處的。毫無疑問，就在這個專案裏也有很適合他的職位。我會跟美莉莎商量的。」

　　溫尼佩格博士直盯著他，露出一臉困惑：「為什麼你還不放棄這個專案，韋伯斯特？B團隊和C團隊明顯要好得多，A團隊早就完蛋了。他們的進度實際上已經停了，沒人知道下一步該幹什麼，設計也做得非常拙劣，實作則像你預料的那樣完全走錯了方向。現在，他們需要的是你的寬恕，他們希望你給他們自由去做點其他事。該終止你的失敗了，我確定你知道這一點。」

　　「對，對——但是這裏有一些政治因素。讓這個專案活著，這一點非常重要。」

　　「恐怕已經太晚了，它已經死了。」

　　「那就把它扶起來，讓它看起來還像活著。」

　　「啊，一具行屍。當你出於政治原因扶起一個已經死掉的專案、讓它看起來還活著的時候，你就是在創造一具行屍。我認為，全世界所有的專案中，大概有10%都可能是行屍。PMill-A就是你的行屍，或者說是你的行屍之一，我相信一定還有其他的。」

　　湯普金斯換了個話題：「我們應該怎麼處理奧斯曼？」

　　「他說眼看產品都快完工了，可是還沒有人打算去處理產品配置管理的問題。他希望去做這份工作。」

　　「嗯，好，他是對的，我們早應該想到這個。而且也沒有另外的人要求這個職務，那為什麼不答應他呢？我猜他現在一定想證明自己的能力，他會做得很好的。」

　　溫尼佩格回憶著：「當我告訴他再也不必做經理的時候，

你真該看看他的臉。那一刻，他就像年輕了好幾歲。你以前都沒想過把他從鉤子上放下來嗎？」

「把他從鉤子上放下來？」這種說法真奇怪，韋伯斯特想著，「我當然想過換掉他，我想你是這個意思吧？我知道，我必須做點什麼，但是我不太敢動手。」

「這個可憐人一直在尋求解脫。你只要允許他卸下職責就可以了。」

湯普金斯搖著頭說：「我從來沒這樣想過這件事。」

很明顯，處理奧斯曼‧格拉底希的事只花了幾分鐘。就在例會中間休息的時候，溫尼佩格博士和奧斯曼走進了奧斯曼的辦公室。短暫交談之後，他們一起走出來，看來都很高興。他們向員工們解釋說奧斯曼被調去了新崗位。然後，奧斯曼就回辦公室去收拾東西。早上剩下的時間裏，溫尼佩格就在愛德里沃利的幾棟大樓來回巡視，看看從一個全新的視角能不能幫助其他的人。

他發現了空中交通控制系統，又正好碰到他們上午的工作會議，於是就在會場上坐了一個半小時，什麼都沒說。吃過午飯，他帶著湯普金斯一起回到會場上。

在路上，他告訴湯普金斯：「別太在意他們說些什麼。我要你做的就是觀察參加會議的人。」

會議在愛德里沃利3號樓最大的會議室進行。會議桌擺成一個大大的橢圓型，專案經理格列佛‧門內德斯坐在上位。湯

普金斯和他眼神交會，點頭打個招呼，然後和溫尼佩格博士悄悄在後排坐下。然後他第一件事就是算算出席的人數，總共有31個人，不包括他們倆。

溫尼佩格博士轉頭在湯普金斯耳邊輕聲說：「7個員工，加上3個顧問。」然後，他指指圓桌周圍，「交通、旅遊、航運和機場的負責人，還有他們的技術副手；3個歐洲空中交通控制特別工作小組的代表；2個摩羅維亞軟體工程學院的法律顧問；西班牙政府派來的空中交通控制系統技術人員；軍方的空中交通調度員；來自科撒奇機場的4個人；專用航空委員；通訊和電信專員加上她的助手；摩羅維亞奧會的頭；國際奧會的負責人；還有會議會展局的局長。」

「他們到底在討論什麼？」湯普金斯也小聲問道。

「飛機和塔臺之間的訊號協定。」

湯普金斯歎了一口氣：「他們在這兒多久了？」

「中間休息的時候，格列佛告訴我，這已經是第6天的會了。」

「天哪。」

他們一言不發地看了一個小時，實在太無聊了。很明顯，大家都已經受不了這個冗長的會議了。最後，溫尼佩格又轉過頭來說：「教練，讓我上場。」

湯普金斯站起來，走到前面說：「嗯，格列佛，請允許我……」

格列佛如釋重負地說：「哦，請。謝謝你，韋伯斯特，謝

謝你。」他鬆鬆領帶，解開了襯衫最上面一顆釦子，「女士們、先生們，這位是湯普金斯先生，愛德里沃利所有開發工作的管理者。」

「謝謝，格列佛。女士們、先生們，我剛才在旁邊看了一下。但是，才沒多久，我已經感覺到這個房間裏的討論進行得並不順利。」

下面發出一片贊同的嗡嗡聲。

「我是這樣想的。就在今天早上，我翻了翻一本放在書架上的舊書，美國作家哈利‧溫尼佩格寫的。在這本書裏，他談到了一些關於挫折的東西。從走進這個房間開始，我就一直在想著書裏的一段。它告訴我：挫折是金，你可以從中找到更多成功的契機，不管是一個人，還是像我們這樣的工作小組。我想，我有辦法幫你們從今天的挫折中挖出金礦，幫助你們走出眼前的泥沼。你們願意嗎？」

所有人異口同聲地同意。

「太好了。那麼，我非常高興地向大家介紹這位一直在旁邊觀察的先生。各位女士先生，這位就是哈利‧溫尼佩格博士。」

溫尼佩格走到會場前面，隨意地坐在桌沿：「你們不需要我來告訴你們有什麼問題，你們全都知道。誰來說說看？」

「人太多了。」格列佛的一個員工說。

「我們正在討論的主題，其實只有少數幾個人關心。」後面的某個人叫道。

　　「人太多了，大半的人根本和討論的主題無關。」溫尼佩格博士總結說。他轉頭對格列佛說：「有多糟？讓我們做一個調查：和專案有任何關係的人，有百分之幾在這個房間裏？」

　　格列佛四下看看：「幾乎百分之百，只除了2個人請病假。」

　　「知道了。現在，為什麼會這樣？格列佛，你能不能給我一份議程看看？」

　　「嗯，我們的議程不那麼正式。我是說，我們開會是為了讓專案正常運轉。這就是議程。」

　　「也就是說，沒有書面議程。沒關係，開沒有書面議程的會，你不是第一個，格列佛，不用感到孤獨。但是，這會造成一些不好的後果。為了更清楚狀況，請設身處地替這位先生想想。」他信步走到會議會展局長的旁邊，「這位先生的名字是……」

　　「霍斯久克。」這個人答道。

　　「霍斯久克局長。假如說在會議開始之前，霍斯久克局長在考慮是否應該出席，他能得到什麼結論？沒什麼結論。他怎麼知道不出席是否完全安全呢？呵呵，他沒辦法知道。」

　　「一般來說，如果他對專案感覺有把握，那不出席也無所謂。但是，老實說，對我們現在的專案來說，沒人敢說很有把握。我們都知道，這個專案正面臨極大的困難。而且專案總是有可能失敗，一旦專案失敗，那麼沒有完成任務的人一定會受到譴責。所以，我們都覺得不夠安全。如果人們覺得沒有把

握，而會議又沒有明確的議程，他們就必須參加。你們明白嗎？」

「我本該準備一份議程的。」格列佛沮喪地承認，「對不起，各位。我不會再犯這種錯誤了。」

「沒有太大關係。」溫尼佩格博士溫和地對他說，「專案一開始通常都有點混亂。早期會議的隱藏議程（hidden agenda）就是找出所有的關鍵人物，所以，就算你準備了議程，也可能會召集過多的人。」

「啊。但是他們不必一直待在這兒。」這位年輕的專案經理指出。

「對。當他們知道會議跟哪些人有關之後，就可以在不需要他們的時候離開。對，這幾乎就是整個事實。另外，你還必須在一件關鍵事情上滿足他們，誰知道是什麼？」

格列佛考慮了一下說：「他們必須確定：我會按照議程來開會。」

「完全正確。如果你做到了這一點，他們就可以看看剩下的議程。如果覺得自己可以不參加下面的討論，就可以放心離開。」他轉頭對其他人說，「你們覺得怎麼樣？」

所有的人都用摩羅維亞的方式表達他們的贊同——用手指敲打桌子。

「好。所以，每個會議都要有公開的議程；每個會議都要盡量短，讓他們可以根據需要選擇參加哪一部分；會議要嚴格按照議程進行，這樣人們就不用擔心自己沒參加的會上有與他

相關的主題。很簡單吧？」

格列佛點點頭說：「很簡單。」

「要讓你的會議更小、更成功，還有很長的路要走。但是還有另外的情況。如果討論的話題特別有趣，或者討論特別重要，你要怎麼辦？」

「唔……我不知道。」

「我提議，在每次會議開始的時候先進行一個小小的儀式。如果做得好，這可以讓所有人注意到保持會議簡短的價值。你們願意跟我一起試試嗎？」他問。所有的人都點頭表示同意。

溫尼佩格博士走到格列佛・門內德斯的旁邊，告訴他：「這個儀式有五個部分。第一，格列佛，你要告訴大家：即使是減少一個與會者也是有價值的。第二，其他人要對此表示同意。第三，你要根據會議的情況讓至少一個人離開會場。第四，這個人在離開之前要告訴大家對會議的期望。第五，其他人表示同意他離開。」

「好。」格列佛點點頭。

「讓我們開始吧。第一步，你看看這裏有多少人，然後說說你的想法。來吧。」

「嗯。」格列佛四下看看，「好吧，今天的人實在太多了，不是嗎？太多了。我，嗯，我想我希望讓一些人離開，讓我們的會議更精簡一些。」

「第二步，其他的人要表示同意。」

會場上爆出一陣笑聲。「來吧，格列佛。」有人叫起來。有人喊著：「對！」有人嚷著：「讓我離開吧！」

溫尼佩格博士舉起手，讓他們安靜下來：「好。第三步：你要選擇一個人……」

格列佛指著他的一位助手說：「你，康奈德，收拾一下，你走吧。」

「停！」溫尼佩格博士說，「放心，你不會讓他丟臉。記住，你必須給那些人自由，幫他們節省寶貴的時間。你必須絕對誠實，而且必須確保所有人都知道這一點。現在，誠實告訴我，你覺得這個會最不應該浪費誰的時間？」

「啊。」格列佛走過一位西班牙空中交通控制系統顧問、一位專案技術人和一位科撒奇新塔臺的員工旁邊，他們恰好坐在一起。「應該是他們三位。他們可以單獨開個會，確定關鍵部分的協定。我覺得他們來開這個會是沒有意義的。」他回頭看著溫尼佩格博士，「所以，我讓他們三個離開。」

「好。第四步：被選中的人收好東西，起立，做『臨別贈言』。」

他們站了起來。其中一個掃視其他人，開口說：「我來跟大家說幾句吧。我希望，在我們離開以後，你們能加強與歐洲空中交通控制系統的聯繫，組成一個工作小組來管理摩羅維亞的空中交通。還有別的嗎？」他看看旁邊的同伴，他們都搖搖頭。然後，三個人收起東西，朝門口走去。

「第五步，」溫尼佩格博士對房間裏的人說，「你們應該

對他們的離開表示贊同。」

被選中的三個人離開的時候，其他人把桌子敲得很響。

「這就是你的儀式，專案需要這種儀式。你知道，專案是活的，是社會性的有機體。我建議你，在每次會議之前先進行這個特別的儀式，把它變成日常的訓練課程。」溫尼佩格坐下來。

格列佛還站著。過了一會，他說道：「現在，我覺得今天唯一應該做的就是暫時休會。我向各位保證，下一次的會議會有精心準備的議程。」他停了一下，繼續說：「在休會之前，我想等那三個人回來。」

「噢，我想他們不會回來了。」湯普金斯先生笑起來，「根本不可能。」

一天的工作結束了，湯普金斯陪著溫尼佩格博士到機場。

「呃，」在等候登機的時候，他說，「這的確是很好的經驗。我認識了『行屍專案』，知道了會議人員過剩的原因，也了解該如何糾正。我讀過你所有的書，但是看你處理事情還是讓我大受啟發。而且，我還要謝謝你解決了那位憤怒的經理的問題，我想你的辦法是對的。我自己沒有想到這種辦法，真不好意思。」

「能幫上忙，我很榮幸。」

「順便問一句：為什麼他會那麼生氣？為什麼他會氣得去辱罵手下的人、當著別人的面對他們輕蔑地大呼小叫？你能告

訴我嗎？」

「哦，沒問題，這很簡單。還沒看到他，我就知道原因了。」

空服員站在門口叫溫尼佩格博士登機了。湯普金斯向他點點頭，請他稍等一兩分鐘。然後，他又繼續說：「希望你能告訴我。」

溫尼佩格博士點點頭：「是因為害怕，韋伯斯特，他怕得要死。他怕自己會失敗，怕拖累你，怕拖累手下的人，怕拖累整個國家。」

「他生氣是因為害怕？」

「他表現出生氣，是因為他害怕。憤怒**就是**害怕。在工作中，恐懼是不能出現的情緒，你絕不會允許自己害怕的。但是，你總會表現出一些東西。你總得另外選擇一種情緒，不然你會爆炸。由於某些原因，憤怒是可以接受的情緒，所以人們總是選擇發怒，於是憤怒就成了恐懼的代名詞。當然，如果是對家人、對朋友發怒，那又是另一回事，但是在工作中，憤怒都是因為恐懼。」

湯普金斯先生的日記：

專案社會學

- 讓不必與會的人可以放心離開，而保持會議的精簡。有一份公開的議程，並嚴格執行，這是最簡單的辦

法。

● 專案需要儀式。

● 用小小的儀式來使人們注意專案的目標和理想狀態：小規模會議、零缺陷工作等等。

● 採取行動，防止人們隨便發怒。

● 記住：憤怒＝恐懼。隨便對屬下發怒的經理一定是因為恐懼才會這樣做。

● 意見：如果所有的人都懂得「憤怒＝恐懼」這個道理，就能明顯地看出發怒的人是在害怕；由於人們傾向於不顯露恐懼，他們不得不藉由憤怒來發洩情緒。（了解了這一點，並不能解決這些生氣的人的問題，但是一定可以讓其他人好過一點。）

21

決戰開始

　　悄悄地，她回來了，就像當初她悄悄地走。她辦公室的門，那扇緊閉了快10個月的門，再次打開了。她就在裏面，坐在窗邊常坐的那張搖椅上，靜靜望著窗外的雨。

　　他的第一個念頭就是……噢，他無法肯定第一個念頭到底是什麼。緊接著，第二個念頭冒了出來，那就是要指責她。「喂，妳到底跑到哪裏去了？」他的聲音比他想像的還要大聲。

　　她抬起頭，羞澀地笑著：「韋伯斯特。」

　　「該死的，萊克莎，妳把我們丟在這艘破船上。這麼多個月，連電話都不打……」

　　「我不是回來了？韋伯斯特。」她站起來，穿過房間走到門口，站在他面前。

　　「妳到底跑到哪裏去了？」他又重複一遍。

　　「百慕達，至少最近是在那兒。你看，皮膚都曬黑了，喜歡嗎？」

「我討厭。我真的生氣了，萊克莎，真的。」

「我看他很想我。」

「我很失望、很生氣、很惱火、很憤怒、很難過、很失望、很焦慮、很想罵人……」

「他真的很想我。我也想你，韋伯斯特。」她親了他一下。

他後退了半步，簡直不敢相信。過了一會，他又開口，聲音低了很多：「妳覺得這樣就行了嗎？」這就行了，當然。

「韋伯斯特。」

他的怒氣又上來了：「我們都這麼擔心妳。我們不知道……而且，這裏的情況糟透了，我們早該得到幫助的。」

「噢，親愛的，我都知道。貝洛克，是吧？」

「對，就是他，貝洛克。我早該聽別人的建議。」

「好吧，別擔心這件事了，親愛的。我已經搞定貝洛克了。」

「已經？」

「已經。在可見的將來，他不會再出現了。」

「我們怎麼會有這麼好的運氣呢？」

「呵呵，這個可憐的傢伙病倒了。」

「我希望是重病。」

「不會致命，放心，但是很噁心。他得了皰疹。」

「呃，不會是那種讓人……」

「對，就是那種，而且他的病很嚴重。很痛苦，我知道。

不管怎麼說，他已經到亞特蘭大一家醫院去治療了，那家醫院專門治這種病。」

「噢，天啊。妳是說，他不會離開太久？」當然，他希望貝洛克在醫院裏再待上9個月，直到湯普金斯的契約到期。

「一年。開始治療後不久，他就可以脫離痛苦，但是不能出院。他必須每天持續治療，我想我們都不會再見到阿萊爾了。」

湯普金斯又被一種討厭的想法纏住了：「等一下，他怎麼會遇到這麼倒楣的事情？而且，妳一回來他就生病，怎麼會這麼巧？」

她又歪嘴一笑：「我親愛的，我要怎麼告訴你呢，韋伯斯特？恐怕這對你來說是件很可怕的事情。我有個壞習慣，也不知道這習慣是從哪裏來的：我喜歡在別人的飲料裏下東西。」

「妳把皰疹病毒放在他的飲料裏？」

「說對了。他喜歡喝Southern Comfort飲料。在旅行中，我帶了一種特別的小粉末，只有一小撮，全都放到他的Southern Comfort裏面。我是星期五晚上在科撒奇幹的，星期六早上，他的苦難就開始了。我手上有喬治亞州這家醫院的電話號碼，其實，我就是從那裏拿到這些粉末的。不管怎麼說，我當天早上就打了電話，昨天阿萊爾便坐上了飛機。搞定這些之後，我就坐火車回來了。」

「這6個A團隊都是行屍走肉。」湯普金斯告訴他們，

「他們其實已經死了很久，完全是為了『政治原因』才讓他們苟延殘喘的。既然我們親愛的貝洛克部長很不幸離開了……」

科諾羅斯發出一陣不合時宜的竊笑。

「……『政治原因』已經不復存在。所以我認為，我們應該滿足貝琳達過去幾週的要求：解散A團隊。」

「當我向你提起這件事的時候，韋伯斯特，我的確用了『解散』這個詞。但是你不能用這個詞，當你宣布這件事的時候不能這樣說。我們必須仔細考慮，想清楚該怎麼跟員工們講。」

「答對了，加10分，貝琳達。我們不能讓他們丟臉。A團隊已經是行屍走肉了，但裏面的員工不是。他們有感覺。我們要怎麼跟他們說呢？美莉莎？」

「你是在拯救他們，韋伯斯特。他們都知道，從一開始就知道，只有一個產品能走出大門，三個團隊中有兩個不能做出成功的產品。比如說，PMill-A團隊現在已經知道他們不會成為勝利者了。我想其他的A團隊也有同樣的感覺。我們應該把這次解散視為是對有價值資源的拯救。我們把他們從困境中拯救出來，讓他們回到關鍵路徑的工作上。」

「就是這樣。」蓋布瑞爾表示贊同，「但是，我們現在不希望把A團隊的人直接搬到B、C團隊裏去。如果這樣做，他們中有一半人會遭受第二次打擊。」他走到白板旁邊，開始畫圖，「相反地，我建議把這些人交給各自的產品經理，然後讓A團隊的人來支援另外兩個團隊。」

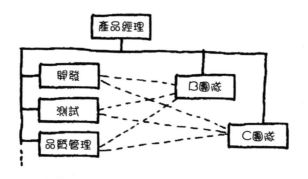

整個管理團隊都盯著准將的這張圖。

「這是個開始。」湯普金斯對他們說，「蓋布瑞爾，你剛才畫的，是建議對我們的系統進行重新設計。我們在這裏設計、建造系統，但我們自己也是一個系統。你剛才重新設計了我們自己這個系統。在我們開始執行之前，我建議我們像看待其他的設計那樣看待這個設計，要讓它通過B、C團隊中使用的那種設計過程。」他轉頭對科諾羅斯說：「亞里士多德，能指點我們一下嗎？」

科諾羅斯微笑著站起來：「沒問題，老闆。」然後他問其他人：「各位，戴上你們的設計帽。好了嗎？好，我們上路。」

貝洛克不在，再也沒有人能阻止湯普金斯回到最初的進度安排。實際上，他立刻就著手進行，所有的人都感到輕鬆許多。新的日期給所有的B、C團隊帶來很大的成功機會，即使是其中最大的團隊也一樣。而比較小的，比如QuickerStill專案，則可能大大超前新的目標。其實，他還沒有放棄一個希

望：在6月1日之前至少交付一個產品。貝洛克走了，但湯普金斯仍然想著貝洛克那個該死的期限。他甚至還讓比爾齊格女士繼續保持在辦公室裏的那塊倒數計時板。現在是2月中旬，計時板上寫著：

到交付日只剩 106 天！

　　團隊重組完成以後，湯普金斯先生可以做的事情就非常少了。大部分時間，他就到處走走看看，跟人們聊聊天，聽他們發牢騷，對優秀的表現表示讚賞。另外，最多的時候，他會看大家需不需要幫忙，不過這種機會並不多。專案都進行得很順利，他感覺自己變得無關緊要了。

　　貝琳達也有這種感覺。她現在越來越有時間回到海港公園去，坐在棕櫚樹下看書。除非是天氣不好，否則她幾乎不到愛德里沃利來。一天下午，湯普金斯帶著午餐到公園找她。

　　「沒事做。」他對她說。

　　她嫣然一笑：「你的工作已經完成了，韋伯斯特。這正是專案理想的結束方式，但是很少有人真正做到。現在，你唯一需要做的就是拿起望遠鏡，看著這一切是怎麼發生的，就像巴頓將軍那樣。」

　　自從許久以前，她第一次提到電影裏的那一幕，韋伯斯特就被深深地吸引。一開始，他覺得最好的結果就是可以確定所有的計畫都能成功完成，然後放心地宣布自己的成果。至於更好的結果，他根本不敢想像。但是，現在他正處在後者的狀

況，他都快要為之瘋狂了。巴頓是不是也有同樣的感覺？他這樣想著。

午餐以後，他離開公園，到宿舍圖書館去借了這部電影。他帶著錄影帶回到房間，只看前面巴頓將軍拿著望遠鏡觀看戰場的那一段。出乎韋伯斯特意料之外，這一幕情景和貝琳達的記憶略有些不同。的確，巴頓**幾乎**一直在看著戰役進行，什麼也沒做。運籌帷幄、訓練部隊、提供後勤支援、策畫第一次進攻，他的確已經完成了這部分的工作。但是，在這一幕的最後，他放下望遠鏡，派一個信差到布拉德利將軍那裏，對計畫做了小小的修改。他又插手干預了，這才是**真正**的管理。你訓練好所有的部隊，**讓整個**戰役幾乎可以完美地發展。你靜靜地看著，只是確保它按照計畫發展。但是，如果情況有一點點偏差，你就應該插手。

「事情發展得太順利，我都沒事可做了。」談到Quicker-Still-C專案的時候，莫莉・馬克莫娜對他說，「這很好，放心。科諾羅斯的設計方案有一個好處：它提供我們絕佳的度量方法來監看專案。我們知道有多少個模組，也可以相當精確地預測有多少行程式、多少個錯誤、每個錯誤會耗費多少時間、每一類工作還剩下多少工作量⋯⋯」

「妳怎麼能肯定對程式量的預測是準確的呢？」

「哦，我們已經寫完了一半模組的程式。在前面大約400個模組中，我們就可以看到預測技術是否準確。所以，現在我

們可以很放心地說：在剩下的模組中，我們也能預測得很準確。」

「分段施工計畫（build plan）給我們一種一切都在掌握中的感覺。」她繼續說，「這兒，來看這個。」她帶著他走進QuickerStill-C的作戰室，讓他看牆上的一幅彩色圖表。「一開始，我們計畫在60個版次（build）之後發布產品。每個版次都是整體的一部分，都在前一個版次的基礎上添加新的特性。你看，今天正在進行的是編號24的版次。從這張工作表上可以看出，第24版次有409個模組。上週完成的第23版次……」她找到了第23版次的工作表，「……有392個模組。所以，在這個新版次中，我們增加了17個模組。還有這兒，你看17個模組的編號和大小。」

「好。」

「豈止是好，簡直是太好了。我們可以根據一個版次占整個產品的百分比來查看進度。還記得嗎？一開始我們估計整個產品有1,500 個功能點。後來，我們又把這個數字修正為1,850個。當我們完成第1版次的時候，它實現了全部功能點的2%左右，37個功能點。第2版次又增加了30個，所以，當第2版次完成時，我們知道已經成功實現了全部1,850個功能點中的67個，也就是3.6%。由此我們可以斷定：整個集成工作——也就是從第1版次開始到整個產品交付的這部分工作——已經完成3.6%了。」

「現在，這張圖也顯示了同樣的結論。」

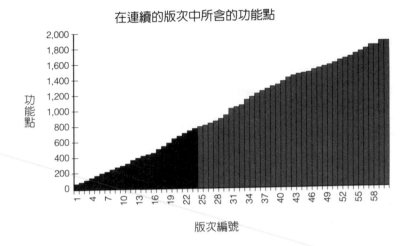

在連續的版次中所含的功能點

「圖中的每一長條表示一個版次，深色的這些是已經完成的。我們已經把整個產品的驗收測試分成了小塊，這樣就可以針對每個版次進行驗收測試。除非一個版次可以通過所有的驗收測試，否則該版次就不算完成。」

湯普金斯指著第24版次的那條長條：「那麼，當第24版次通過測試以後，妳就知道：你已經完成了46%。」

「對。現在，我們以兩天或三天一次的速度完成一個版次。」她走到圖的右邊，「所以，現在你知道為什麼我們可以這麼有自信地說，我們能在6月的最後一個星期完工。我們從產品本身就可以得到定義一致的進展狀況資訊，那就是某個版次又完成了。產品會告訴你離完工還有多遠。」

湯普金斯婉惜地看著她手指下的那個日期。他還是希望在6月1日之前完成一個專案，這樣他就能報先前遭貝洛克嘲笑

的一箭之仇。「難道不能再加快一點嗎？我是說……我不是在抱怨……這個專案進展得非常好，只是……」

她微微一笑：「我知道你在想什麼，韋伯斯特。6月1日，對嗎？有時候我也會這樣想。好吧，老實說，我不知道還有什麼方法可以加快速度。我們現在測試版次的效率已經非常高了，所以，我們可以再把速度提高一點。但是，制約我們的因素事實上是生產時間，你看。」她指著牆上另一張圖，「這是每個模組消耗時間的情況，包括寫程式的時間、檢驗（inspection）的時間、單元測試、文件等等，這些都是在進入分段施工計畫之前必須要做的。」

「沒有什麼可以減省的嗎？」

她又看了那張表一眼：「我覺得沒有。最花時間的部分就是檢驗，每個模組的程式寫完以後都要馬上檢驗，這通常需要三個人一個小時的時間。我不知道怎麼減省整個過程，但是我知道我們無法減省檢驗的時間。」

她的話讓他若有所思。別去看那些你不知道的東西，他告訴自己，注意那些已經知道的。會置你於死地的不是那些你不知道的東西，而是那些你知道的，但它卻沒有如預期般進行。「妳怎麼知道無法減省檢驗的時間？」他問道。

「這是過去10年的經驗告訴我們的，韋伯斯特。檢驗是避免錯誤最簡便的方法。如果你不透過檢驗避免錯誤，那就只能透過測試來除錯，這樣會浪費更多的時間。」

亞里士多德・科諾羅斯正好路過，就加入他們的討論。

「對，這是有證據支持的。」他說，「保證產品品質最簡便的方法就是檢驗程式。」

「我們都知道，我們想要的就是高品質的產品。看這裏。」她自豪地指著另一面牆上巨大的紅色顯示幕，上面寫著：「14連勝！」

「什麼14連勝？」湯普金斯問她。

「14次檢驗，沒有查到一個錯誤。」她看來非常高興。

「太厲害了。」湯普金斯承認，「不過，我覺得我們完全不用做這14次檢驗，省下這些時間，也不會對品質有絲毫的損害，因為它們根本找不到任何錯誤。」

莫莉失望地看著他：「我想你誤會了，韋伯斯特。正是因為有檢驗，我們才能得到這麼高的品質。」

「但不是因為前面那14次檢驗。沒有那14次檢驗也是一樣。」

「呃……從統計上來看，檢驗的淨效果還是蠻大的。我不敢說……」

「取消它們。」湯普金斯先生說。他突然興奮起來。

「唔？」

「取消這些檢驗。停止所有的程式檢驗。」

「等一等。」她叫了起來，「我們不能這樣做。亞里士多德，告訴他，告訴他檢驗能避免錯誤，告訴他這有多荒唐。」

科諾羅斯做了個鬼臉：「荒唐嗎？對。但是錯了嗎？不。在你提出之前，韋伯斯特，連我都沒想到過。但是，如果檢驗

根本沒有查出錯誤，我們就不該把它當成減少錯誤的萬靈丹。」

「除非檢驗過程中有什麼做錯了⋯⋯」

「沒有。」莫莉乾脆地回答，「我們檢查過，這些通過檢驗的模組也順利通過了測試。根本就沒有錯誤可查。」

「那麼檢驗就沒有用，所以我說『取消它』。」

她又一次用眼睛向科諾羅斯求援。

「我不確定⋯⋯」科諾羅斯開口了。

湯普金斯打斷了他的話：「亞里士多德，錯誤不在這裏，這是有原因的。寫程式的部分進行得非常順利，比我們預期的還要順利得多。」

「嗯。」

「你告訴過我，錯誤不會出現在模組內部，而是出現在模組的『邊緣』。還記得嗎？」

「記得。」

「絕大多數的錯誤都是介面的缺陷。所以，它們實際上是設計的錯誤。只有瘋子才會在看一段程式的時候做設計分析，這是你說的。程式檢驗的統計結果看起來那麼好，那是因為在去除缺陷方面，它比起在測試階段去除錯要好一點。但是，你已經採用了更好的方法：更正規的設計。而且你已經做過設計檢驗了。我敢說，所有的模組都已經檢驗過了，不是在寫程式的階段，而是在設計階段。所以，再去檢驗就有點多餘了。」

「也許你是對的。」科諾羅斯承認。他開始說服自己：「如果你是對的，那麼在世界上其他地方被人們迷戀的程式檢驗，

其實只是對設計的一種補充。如果在寫程式之前做了正規而完善的設計，並對設計做了檢驗，那麼我們就不應該需要做程式檢驗。我不知道這是不是100%正確，但是我知道一件事。」

「什麼？」

「我們需要找到這問題的答案。如果找不到，那麼我們這個專案管理實驗室經營得也不怎麼樣。」

湯普金斯先生正坐在桌前，困惑地盯著日記本上空白的一頁。這時，萊克莎來了。

「噢，是妳啊，萊克莎。」他有點害羞，當她來看他的時候，他常常會這樣。然後，他往下瞄了一眼那頁空白，對她說：「是妳給我這個日記本的。妳要我每天都寫一點，寫下我學到的東西。而且，大部分的日子裏，我都有寫。但是現在，我已經有好幾個星期什麼都沒寫了。妳知道為什麼嗎？」

「不知道。」她坐在桌沿，「你告訴我吧。」

「因為我不知道從貝洛克的事情中究竟學到了什麼。如果我自己想辦法解決了他的問題，那我會學到很多。我所做的就是不去理他，當然我也可以把這個寫下來，但是我沒有解決這個問題，解決問題的是妳。」

「而你不能把這個寫下來。」

「當然。這太沒意思了。從我的角度來說，妳就像天使一樣從天而降，解決了我的難題。這或多或少是個奇蹟，我沒辦法寫。我總不能寫：『如果你為一個怪人工作，就等待奇蹟出

現吧』。」

「那你想寫什麼？」

「一般人做得到的事情。無論如何，世界上到處都是那種被病態上司管理的人。他們的上司就像貝洛克，也許更糟。我想寫下一些經驗，告訴別人如何處理這種情況。」

「也許他們根本什麼都做不到，韋伯斯特，經常都是這樣。老實說，你覺得靠你自己可以對付變態的貝洛克嗎？」

「我還不知道，但是也許有辦法。」

「我可不這樣想。我不認為你能『根治』他的病。我真的覺得你不行，韋伯斯特。我覺得這種病根本沒辦法治。」

他歎了一口氣：「也許妳是對的，也許的確沒辦法。」

「也許這就是你學到的經驗。」

說完，她親暱地摸摸他的頭髮，轉身離開。

湯普金斯先生的日記：

「病態的政治」（再一次）

- 別想根治一個病態的人。
- 不要浪費時間，也不要因為嘗試治療上司的病態而使自己受到威脅。
- 有時候，你唯一的選擇就是等待，等問題自己解決，或者等一個讓你繼續前進的機會。
- 奇蹟是有可能發生的（但是千萬別指望它）。

22

年度最轟動的上市股票

5月24日，QuickerStill-B團隊交付了他們的產品。5月29日，QuickerStill-C也交付了產品。5月30日，PMill-C交付。

湯普金斯欣喜若狂地說：「妳相信嗎，貝琳達？我們竟然成功交付了3個產品，在貝洛克設定的那個白癡日期之前。」

「那是不是表示那個日期並不那麼白癡？」

「那個日期絕對白癡。」他生氣了，「對這兩個最小的產品來說，這可能是適當的目標，但是作為一個計畫日期，它就是很白癡。貝洛克居然向經銷商承諾說所有6個產品從明天開始出貨，那幾個比較大的專案根本不可能達到這個目標。這完全是錯誤的計畫日期。」

「夠了。你是不是認為專案應該既有計畫又有目標？而且兩個日期甚至可以不同？你心裏就是這樣想的吧，韋伯斯特。」

「哦？這不是很好嗎？一個好的目標應該正好在『可能達

成』的邊緣，所以作為計畫它就是很糟糕的；而一個好的計畫應該是可以達成的，所以它不適合當作目標。為什麼不能同時擁有這兩者呢？」

「噢，我不反對。只是很難讓大家都這樣想。」

「沒錯，我是孤獨的。也許這正好說明我是對的。」

6月1日，元首終於回來了。他叫湯普金斯去找他，有重要的事要商量。

跑來通知湯普金斯的助理興奮得不得了。她盡量不表現出來，但是興奮仍然溢於言表。按照湯普金斯的經驗，領袖辦公室裏的興奮情緒通常是個警訊：只有當領袖要換人或者任務要取消的時候，這裏的人才會那麼興奮。當他坐上開往科撒奇的早班列車時，身體竟然微微顫抖。噢，這些專案已經如期完工，現在已經沒有什麼能破壞他的成就感了。但是，他還是有些擔心。

跟韋伯斯特第一次到訪時一樣，元首的辦公室沒有開燈，只有顯示器的螢光。跟第一次一樣，韋伯斯特還是花了一些時間才在巨大的房間裏找到元首。他正坐在一個陰暗的角落裏，手上拿著一塊Twinkie點心——實際上是在嘴裏。「腳安，托布基斯。」他塞了滿嘴的蛋糕說道。

「早安，先生。歡迎你回來。」

「整一啥。」他嚥下蛋糕，拿餐巾紙擦擦嘴。然後，他抬頭看著湯普金斯，咧嘴笑說：「我們成功了，湯普金斯！我們

成功了！」

「專案？是的，我們的確有一點……」

「不，不是專案，雖然專案也有一點功勞。對了，你們表現很好。但是，我要說的不是這個。是股票上市。」

「股票上市？」

「我們公開上市了，湯普金斯，摩羅維亞公司要公開上市了。掛牌日安排在下個星期，這可是件大事。承銷商說，這會是今年最轟動的一支上市股票。」

「我的天！摩羅維亞公開上市了。我想我們可能是全世界第一個公開交易的國家。」

「我沒想過，不過可能是這樣。」

「看來我應該恭喜你。好吧，恭喜你，先生。我希望你能大賺一筆，呵呵，一大筆錢。」

「不光是我，湯普金斯。我們都發財了，特別是你。」

「我？」

「對。你忘了嗎？你是有股份的。你擁有0.5%公開發行的股票。」

「我？」湯普金斯的興趣突然來了。

「當然，就是你。5萬股。」

「喔，你知道發行價會是多少嗎？」

元首難以抑制自己的興奮：「14美元！你能相信嗎？一開始，他們認為會是11美元，但是認購嚴重超額，所以他們不得不提高了價格。到下個星期，股價也許還會更高，天知道開盤

價會是多少。第一天之後，股價也許會漲到20甚至25美元，絕對有可能。」他向後一靠，大喊一聲：「我們變有錢人了！」

「嗯，你一直都很有錢。」

「那就是更有錢，有錢得多。哇，萬歲！我覺得自己就像吝嗇鬼唐老鴨一樣，馬上就可以在金幣裏洗澡了。」

湯普金斯還有點暈眩，不過已經開始計算自己的財產了。每股14美元，他就應該有……哇。如果每股24美元……資本主義萬歲，真的。「呵呵，果然是個好消息。」他說，盡力壓抑著心中的狂喜。

「每個人都有份。」元首告訴他，「我們給所有的員工都配發了少量的股票。另外我還為你準備了大約3萬股，可以分給你的手下……」

「我的天。呵呵，我當然知道應該分給誰。」湯普金斯高興地說。他想著貝琳達、蓋布瑞爾、亞里士多德……

「我相信你。」元首臉上的表情極其生動。他努力讓自己平靜下來，然後又一次爆發：「呵──嘿──！」他大叫起來。

「沒錯。」

元首突然平靜下來：「噢，有件棘手的事，湯普金斯。承銷商通知我們：在上市之前必須結束你的契約。也就是說，你可以拿到該拿的錢，但是在上市之後就不再負責了。很明顯，這是因為法律上的問題。當然，新的管理者很快就會到。我相

信你會幫助他們，他們對你創造的奇蹟都敬佩不已呢。」

　　氣氛有一點變化。「嗯。」湯普金斯先生開口了，「好吧，我當然會聽你的。再說，你也知道，我在這兒的工作已經做完了。其他的專案都已按部就班，我相信它們也能得到很好的結果。現在，我們已經蒐集好了主要的資料，當然我們也想看到比較大的幾個專案完工。我不一定要當主管，才能確保最後的資料蒐集齊全。這些工作已經在進行中。」他考慮了一會兒，「我想，我現在就該讓位了。」

　　「噢，親愛的，這樣新主管一定會很可憐的。你能推薦一個繼任者嗎？」

　　「美莉莎・阿爾伯。」湯普金斯毫不猶豫地回答，「她有經驗、有才華、有勇氣、有能力、有魅力。她太適合這份工作了，讓我覺得好像自己擋了她的路。我很高興把這個位置讓給她。」

　　「唉，就像我剛才說的，沒有你，新的主管會很難受的。但是，又能怎麼樣呢？美莉莎聽起來是個完美的繼任者，也許你的確需要讓位了。我當然也不會在這裏浪費餘生。我祝福你，湯普金斯，不管你決定要做什麼。」

　　「哦，謝謝你，我也還不知道將來要做什麼，我還正在想。不過先生你呢？將來有什麼計畫？」

　　「嗯，」元首年輕的臉龐出現一絲困惑，「我有個很棒的主意，但沒有成功。」他困難地搖搖頭。「我想我會再去挑一個國家把它買下來，還是用股票交易的方式吧。我會找類似摩

羅維亞的案例，你知道，那些前蘇聯共黨國家雖然貧窮，但是人們教育程度高，而且急著想晉升為已開發國家，這種最合適了。」

「或許保加利亞不錯？」湯普金斯建議。

「我有想過，不過沒機會，有人先一步買走了。實在運氣不佳啊。這就像是你發明了一個先進的捕鼠器，但是偏偏有人把它偷去用了一樣。」

「喔，不過，你還是有其他選擇的。」

「你有什麼想法嗎？」

他想了一下。「美國，如何？」湯普金斯提議。

「哇──」

「當然，這野心就更大了。」

「沒錯。不過除了我，誰幹得了這種事呢？」

「對呀。」湯普金斯附和地說。

元首如果有足夠的時間，那是輕而易舉的事。不過湯普金斯對於這個提議開始有另外的想法了。唉，或許他應該閉嘴的。或許元首用融資購併方式買下美國，對美國不一定是最好的。湯普金斯還有一點愛國心。「那麼，假如你真的把美國買下來了，你不會干預公民權利吧？」

「喔，老天，當然不會。我只會插手商業的部分。」

「不會干涉政府？」

「不會太過份啦。不過，難道我不該有些權利，做一點小小的改變嗎？」

「噢，如果只是一點點的話，並不為過。那麼你想改變什麼？」

「我想，我會把反托拉斯部門搬到阿拉斯加的諾母（Nome）地區。」

「喔。我想，美國人民應該可以接受吧。」

一陣沉默。突然間，湯普金斯在摩羅維亞的日子就走到了盡頭。他還得待上一兩個月，幫助美莉莎熟悉工作，然後就該走了。會談顯然該結束了。很快他就要離開，也許再也不會見到元首。

元首也正想著同一件事。他站起身，尷尬地向湯普金斯伸出手。「就到這兒吧。謝謝你所做的一切，湯普金斯。」他沙啞著嗓子說道。

湯普金斯也站起來，憂鬱地握住了他的手。

「謝謝你，湯普金斯……嗯，韋伯斯特。你做得非常好。」

「也謝謝你，先生。」

「比爾。請叫我比爾。」

「謝謝你，比爾。」

湯普金斯剛回到他在愛德里沃利的辦公室，就接到元首打來的電話：「韋伯斯特，你知道他叫什麼名字嗎？我是說那個討厭的小個子，國際事務部的部長。我回來之後還沒見過他。」

「貝洛克。」

「對，就是他。貝洛克。」

「聽說他正在請病假，已經4個月了。」

「噢，真的？」一陣安靜，「唉，真是大損失呀，呵呵。」

湯普金斯強忍住笑：「阿萊爾不在的時候，我們都很盡力。」

「我知道。有個小問題：我想讓國際事務部的部長來接替我執行長的位子。現在，我好像沒有國際事務部部長了，他們一定會注意到的。該死。我真想離開這兒，去尋找新的挑戰了。但是，如果沒有人掌舵……」

「那麼……你不能指派一個新的部長嗎？如果連這點權力都沒有，背著『領導者』這個頭銜有什麼意思？」

「那麼你想做嗎？」

「少來。我要去享受這筆飛來的橫財。」

「那你說，誰可以？」

「嗯，讓我想想。你以前的部長就像個職業殺手，新任部長也要這樣的嗎？」

「絕對不要。我想要一個像我一樣的人：才華橫溢，為人又稍微好些；或者就是個才華橫溢的好人。就這樣。」

「蓋布瑞爾‧馬可夫。」

半秒鐘的沉默，這個才華橫溢的好人在電話線另一頭考慮著。「你真好，韋伯斯特，真是個好提議。人們愛他，他也了

解他們。」

「而且他天生就是做領袖的料。」

「我會找他的，貝洛克下台，蓋布瑞爾上台。我們會讓他暫時做國際事務部的部長——他可以到處看看，把需要修補的地方都修補好。然後，等我做好離開的準備之後，就讓他做執行長。你覺得怎麼樣？」

「好主意。」

「當然了。做這種事，我有天賦。」

湯普金斯剛坐下來考慮應該在日記上寫點什麼，電話又響了。比爾齊格女士已經走了，他自己去接起電話。傳來一個他以為再也不會聽到的聲音。

「湯普金斯，聽著，我是貝洛克部長。」

電話裏的聲音非常清晰，難道貝洛克就在附近嗎？他是不是已經回到了科撒奇的辦公室？是不是正在鞏固他搖搖欲墜的地位？想到這兒，湯普金斯突然又不擔心了：在電話旁有一個白色的來電顯示盒，即使國際長途也能顯示出來。他低頭看著小螢幕，上面顯示來電者是「根赫普門診部：喬治亞州奧斯美（美國）」。貝洛克還在接受治療。對了，剛才他說自己是「部長」，也就是說他還沒聽說這裏的人事變動。

「你好，阿萊爾，還好嗎？」

「少廢話，湯普金斯，我要你把愛德里沃利1、5、6、7號樓裏的人都搬出去，我把這些地方都租出去了。我找到一個

大房客，整個早上我都在打電話安排這事。」

「哎呀，我們怎麼處理那些人呢？」

「關我屁事？讓他們擠在其他幾棟樓裏吧。拆掉內牆，把辦公空間擴大，辭掉一些人。你那兒的人本來就太多了。」

「天啊，我想沒人會高興的。」

另一端傳來一陣笑聲：「我猜也是。好了，笨蛋，我們不是在玩遊戲。他們占據這幾棟樓，每天會讓我損失7,223美元——而我的新房客每天會付我這麼多。好了，星期五之前讓你的人都搬出去。」

「你看看，1,400人擠在剩下的三棟樓裏，每個人的工作空間只剩不到40平方英呎。」

「對。」

「比監獄還擠呢。」

「沒錯。還有，不要搬家具或電腦這些東西，我把這些都賣給新房客了。」

「噢，天啊，真是個壞消息。我的員工該怎麼辦呢？」

「讓他們輪著用。他們過奢華的日子過得太久了，我要讓一切都重新開始：從現在開始，整個組織要精簡（lean and mean）。」

「噢，不。」

「是的！我是在財經新聞裏看到『精簡』這個詞的。這整個國家都在這麼做。這是個新辦法：裁員、減薪、縮小工作空間、斯巴達式管理。」

「但是，我並不想在我們這裏『精簡』。不，我根本不想這麼做。我想的正好相反：發展、人性化。」

「別惹我，湯普金斯！」

「沒錯，發展、人性化，就是這樣。我們是一個集體，我們應該團結成為一體。」

貝洛克在電話裏尖叫：「你是在玩火，湯普金斯。別惹我，照我說的做。」

「不，我不會，阿萊爾。讓你的房客滾蛋！」

一陣短暫的沉寂。然後，傳來貝洛克聲嘶力竭的吼叫：「我提醒你幾件事，你這個傻瓜。你軟弱無力，而我是個卑鄙又危險的人。你不敢耍我，你沒這個膽子。」

湯普金斯先生看看錶，15分鐘後他要在學院做演講。如果現在就出發，他還可以順道去看看剛開的玫瑰花。現在，應該讓這個浪費時間的傢伙閉嘴，應該給他最後一擊了：「阿萊爾，如果我這麼容易被打敗，而你又是個那麼危險的傢伙，那為什麼我會坐在世界的頂端，而你卻在喬治亞的醫院裏治療生殖器上的皰疹呢？」

電話那頭，貝洛克氣得直喘氣。湯普金斯不想再聽他說了。他掛了電話，拿起日記本，走進摩羅維亞美麗的下午。

湯普金斯先生的日記：

精簡

- 精簡是失敗的公司使用的辦法，它讓員工承擔失敗的責任。

- 公司的目標應該正好相反：要發展而人性化。

- 當你聽到「精簡」這個詞的時候，請記住它的弦外之音：失敗和恐嚇。

23

101個法則

　　湯普金斯先生正在做夢，這是他在摩羅維亞的最後一夜。那天晚上，員工宿舍舉行了盛大的慶祝晚會，所有人都在狂歡。老實說，他沒吃多少東西，酒卻喝了不少。所以，他做夢了，夢見盤旋的煙霧，煙霧中還有別的東西。是一個巨大的頭。沒有身體，只有頭。臉有點像天使，但是碩大無比，頭頂上還包著巨大的頭巾。那張臉容光煥發，栩栩如生。從那張嘴裏傳出一個深沉的聲音：

　　「我是約迪尼❶！」那個聲音傲慢地說。

　　「約迪尼。」湯普金斯驚訝地說，「『那個』約迪尼？」

　　「正是『那個』約迪尼。」大頭說。

　　「那個算命的？」

　　大頭生氣了，聲音像打雷一樣：「我是個預言家，該

---

❶ 譯註：原文是Yordini，暗指電腦界著名的預言家Ed Yourdon。

死！」

「我就是這個意思呀。」

「『偉大的』約迪尼。」

「是，是。」

「你是個幸運的傢伙，湯普金斯。你有個機會看到未來。」

「哇。」

「說出你的問題，我會告訴你答案。對我來說，未來就像過去一樣清楚。」

湯普金斯飛快地想著：他想知道的事情太多了，有好多問題都還沒解決。「請告訴我……」他稍停片刻，「請告訴我空中交通控制專案會怎麼樣。格列佛‧門內德斯和他的員工在夏季運動會之前能完工嗎？」

約迪尼閉上眼睛。一隻孤零零的手冒出來，摸著他的下頜。「對。」最後，他說，「不夠完美，但是也沒有大問題，總之他們按時完工了。有些航班會被延誤，但是沒有發生事故。」

「啊，現在我輕鬆多了。請再告訴我貝琳達‧賓達會怎麼樣？她好嗎？她會再回復以前的生活嗎？」

眼睛又閉上了：「某種意義上來說，是的。」

「這是什麼意思？」

「她又有了一份工作，但是遠不如在摩羅維亞受人尊敬。」

「噢，天啊，她去做什麼了？」

「美國參議員，代表加州。」

「哦。好吧，我想這對她是件好事，對我們其他人來說也是。」

「還有什麼？」

「阿萊爾・貝洛克。他怎麼樣了？」

「不幸的一生。他會成為一家上市公司的審計員，然後當投資銀行家，還當了一家大公司的老闆，最後做到白宮的特別助理。」

「然後呢？」

「然後進了丹伯里的聯邦監獄。」

「是啊，我猜也是。」

「最後，他會找到自己的信仰，去主持一個廣播訪談節目。」

「這不意外。」

「還有什麼問題？」

大頭開始緩緩上升，煙霧更濃了。

「等等，等等。美國軟體產業怎麼樣了？就業機會是不是像有些人擔心的那樣流向一些小國家？」

大頭已經快消失了，然後它真的消失了，只留下最後一句話：「去看我的書，我在書裏談過這個問題。」

日記本攤開在桌上。在整個冒險經歷中，它一直陪伴著

他。前面101頁都寫滿了字，他把它翻到第102頁。他想寫上最後幾句話，卻不知道該從摩羅維亞的經驗中得出什麼總結。也許日記本身就已經是一種總結了。他往前翻了一頁，看最後一個條目。那是他經常都在想的事情，但是直到幾天前才寫下來。

基本常識
- 專案既需要目標，也需要計畫。
- 而且這兩者應該不同。

有人敲門。比爾齊格女士探頭進來：「韋伯斯特，有時間接受採訪嗎？一位媒體界的先生來了。」

「當然，為什麼不呢？」他高興地說。

出乎湯普金斯意料之外，比爾齊格女士帶進來的這個人並不陌生。他是阿隆佐・達維西，馬可夫准將手下一位優秀的經理。

「阿隆佐——呵呵，真讓我大吃一驚。」他握住阿隆佐的大手。阿隆佐留著兩撇海象鬍鬚，眼裏閃爍著笑意。「這是你的新工作嗎？記者？」

「我升官了。也許你還不知道，我到學院去工作了。他們讓我做新期刊的總編，期刊的名字叫《愛德里沃利軟體雜誌》（*Aidrivoli Software Magazine*）。」

「噢，對，我聽說了。啊，恭喜你。」

「謝謝。在第一期雜誌上，我想給你做一個專訪，談談你在摩羅維亞的經驗。」

「為什麼不呢？真的，我很高興。告訴我，你想知道什麼？說吧。」

「呃，我只是想知道：經過這麼多磨難，你終於獲得了今天的成功，你從中學到了什麼？我是說，在這一路上，你做了很多正確的決定，可否談一談？」

「我覺得我做錯的、我從錯誤中學到的東西更值得報導，不是嗎？」

「這是我的第二個問題。」阿隆佐說。

「我做對了什麼，做錯了什麼，學到了什麼？」他想了一下，「很有趣的問題。從我來這裏的第一天開始，我幾乎每天都會問自己這個問題。我每天晚上都會問自己這個問題，如果有什麼發現，就把它寫下來。」

阿隆佐抬起眼睛：「我做雜誌還不久，不過我知道：被採訪者寫的東西可以節省採訪者很多時間。你能不能把你寫的東西複印給我一份？」

湯普金斯低頭看著桌上的日記本：「不用了，我給你原稿。我想不出還有誰更應該擁有它。」他把日記本遞過去。

阿隆佐驚訝地接過日記本。「呃……」他打開日記本，翻了幾頁，「啊，這正是我們要找的。我想這也正是管理者們多年來要找的。總共有幾個條目？」

「101個。」湯普金斯告訴他。

「你捨得把它給我？我是說，我們可以拿去複印，把原稿留給你。」

湯普金斯搖搖頭：「沒有必要，真的。我希望這些內容對你和你的讀者有用，但是對我已經沒有用了。我不會再翻開它，因為不需要。不管走到哪裏，我都會帶著這101條法則，它們已經深深印在我的腦海裏了。」

還有一件事沒有解決，而且看來也解決不了。從昨天的晚會開始，他就沒看到萊克莎。她也沒有和其他人一起到機場送他。他打電話給她，也沒有人接。她不但沒有像他希望的那樣跟他談談將來，連一聲「再見」也沒說。

登機後，他沮喪地坐上自己的位子。希福吃了安眠藥，已經在旁邊睡著了。湯普金斯正在繫安全帶的時候，空服員過來了。

「您好，湯普金斯先生。祝您旅途愉快。下一站是……」

「波士頓。」湯普金斯幫他說。

「那是第二站。我們還有一個中間站。」

「噢？在哪兒？」

「里加（Riga，拉脫維亞首都）。我知道，我知道，這有點不合常規。但是，不是所有的國家都會讓我們進入領空的，因為我們還沒有現代化的空中交通控制系統。」

「噢，但是這一切將會改變，我的朋友。到2000年夏天，摩羅維亞將會有世界一流的空中交通控制系統。記住我的

話。」

「我盼望著那一天。來點香檳怎麼樣，先生？」

湯普金斯先生接過香檳，一飲而盡。飛機還沒起飛，他就睡著了。

一隻手搖著他的肩膀：「湯普金斯先生，醒醒，我們到里加了。」

湯普金斯睜開睡眼：「是嗎？」

「是的，先生。我們要在這兒待幾個小時，所以我們找本地人租了一輛車，帶您去逛逛。」空服員還答應幫他照顧希福。

「噢，好吧，我想這應該不錯。我從來沒到過這裏，為什麼不逛逛呢？」他站起來，伸伸懶腰，跟著空服員下飛機。在停機坪上，一輛計程車正等著他。

「沒有客人嗎？」他問司機。

司機搖搖頭。

湯普金斯四下看了看。機場四周是廣闊的草原，跑道旁有一棵棕櫚樹。「嘿，我沒想到這兒也有棕櫚樹。」

司機嘟嚷了一句。他打開門，讓湯普金斯上車。不到十分鐘，他們就來到一座美麗的城市的郊外，四周風景如畫。跟他想像中里加的北國風光完全不同。里加，應該是……然後他明白了：當然，這裏根本不是里加。

「這個城市叫什麼？」他問計程車司機。

答案完全如他所料：「索非亞（Sofia，保加利亞首都）。」

「啊。」

很明顯，現在統領保加利亞的人想跟湯普金斯聊聊。他們一定是希望他把摩羅維亞的一切再重演一遍。這是一次工作會談。而且跟上次一樣，這次會談將給他帶來麻煩：他會獲得一份工作，而且還找不到拒絕的理由。好吧，他對自己說，這次一定要說「不」。

計程車在一座巨大的洛可可式宮殿前停下。「這是什麼地方？」他問道。

「這是古代國王住的地方。」司機告訴他，「現在偉大的國家元首住在這兒。」

「保加利亞也有國家元首？」

「對。」司機微笑著說。

湯普金斯飛快地思考。好吧，看這回是個什麼樣的傢伙再說吧。

兩個穿著華麗的男僕帶他走進了宮殿。他跟著他們走上一座巨大的圓形旋轉梯，進入另一間大房間。從裏面看，這間房間甚至比外面的宮殿還要富麗堂皇。在樓梯的頂端，有個人正在等著他，小小的身影幾乎被四周的金碧輝煌淹沒了。

「萊克莎！」

「你好，韋伯斯特。」

「萊克莎，我想……噢，我早該想到的。妳又在重施故伎了。」

　　她歪嘴一笑，什麼都沒說。

　　「好吧，我會聽妳說，但是別以為我會像上次一樣輕易就範。」

　　「謝謝你，韋伯斯特。很高興你沒有生氣。」

　　「不生氣，我只是希望……」沒必要再說這些了，「那麼，妳就是保加利亞的元首？呵呵，我早該猜到的。他告訴我有人插手，搶在他之前買下了保加利亞。除了妳，還會有誰呢？好吧，妳會成為很好的元首……」

　　「但是韋伯斯特，買下保加利亞的不是我。」

　　「不是嗎？」

　　「不是。我哪有這麼多錢？噢，股票上市的時候，我的確分到不少，我不是在抱怨。但是，那點錢根本不夠。不，我不是這個國家的新主人。」

　　「好吧，那是誰？」

　　「是你，韋伯斯特。」

　　「什麼?!」

　　「你是新主人，起碼是主要的主人。你是元首。」

　　「這是怎麼回事？別笑，妳做了什麼？」

　　「你各種財產、你的股票都逃不過我靈巧的小手指，我把這些都算進去了。」

　　「妳真是無藥可救了。」

　　「也許是吧。」

　　「但是，我那點錢也不夠買下整個國家吧。」

「噢，我們還加上了貝琳達那一份，還有亞里士多德的，當然還有我的……」

他看過公開說明書，知道這些人有多少股票：「好像還是不夠。你們三個有6萬股，我自己有5萬股……」

她吃驚地盯著他：「你還有選擇權，韋伯斯特。」

「我？」

「當然，你忘了嗎？簽契約的時候，是我親自向你提出的。」

「我……說實話，我從來沒看過契約。我把它們放在文件箱裏，也許現在還在那兒呢。」

「我可不這樣想。」萊克莎得意地笑著。

「哦。順便問一句，我有多少選擇權？」

「30萬股。按照今天的價格，值720萬美元。」

「噢。」

「然後，再到處借一點，就夠了。我是從元首那兒學到這些的，他最擅長這種事。」

湯普金斯的頭開始暈了：「我不知道該說什麼才好。」

「貝琳達和亞里士多德都已經簽了約，他們會幫你創業。而且我們還可以從你以前的員工中把重要的幾個人挖過來，只要不讓美莉莎太為難就行了。另外，我一直在注意你特別尊敬的那四位在新澤西州的經理，我猜至少能讓其中兩位過來。摩羅維亞的上市看起來實在太誘人了。」

「嗯……」

「說你答應，韋伯斯特，請答應吧。我會非常高興的。」

他停了一會，盯著她說：「給我一分鐘。」這一次，如果得不到他想要的，他絕不再讓步。他換上最嚴厲的表情：「告訴我，萊克莎，妳給自己選擇的角色是什麼？」

第一次，她顯得不再自信。她咬著嘴唇：「我……」

「告訴我，萊克莎。」

她低頭看著地上。「我還沒想過。」她輕聲說。

「好吧，那就讓我告訴妳。我給妳準備了一個角色，妳必須接受——否則我立刻就走。」

她還是不看他：「你給我什麼角色，韋伯斯特？」

他讓自己平靜一下，然後說：「元首助理和夫人。」

「噢，韋伯斯特，我還以為你永遠不會說呢。」

「嗯？」

「我同意，我願意，我接受。」

「好。」他四下看看，「那麼，我們現在該去哪裏？」

「皇室套房。」她說道，朝著一扇華麗的門點頭示意，「就在那邊。」

他把她抱起來，朝他們的新生活走去。

書中人物名錄

第12章
約翰・卡波諾斯　T. Johns Caporous

第13章
比爾齊格女士　Mrs. Beerzig
比格斯比・格羅斯　Bigsby Grosz
愛弗瑞爾・阿特貝克　Avril Alterbek
托馬斯・奧里克　Tomas Orik

第14章
普羅斯佩諾・門諾蒂　Prospero Menotti
亞里士多德・科諾羅斯　Aristotle Kenoros

第16章
奧斯曼・格拉底希　Osmun Gradish
美莉莎・阿爾伯　Melissa Alber
格列佛・門內德斯　Gulliver Menendez

第17章
大師卡約・迪耶尼亞爾　Maestro Kayo Diyeniar
賴瑞・波希米　Larry Boheme

第18章
勞倫・阿菲爾斯　Loren Apfels
諾伍德・波力克斯　Norwood Bolix

第20章
哈利・溫尼佩格　Harry Winnipeg
霍斯久克　Horsjuk

第23章
約迪尼　Yordini
阿隆佐・達維西　Alonzo Davici

編後記

感謝北京清華大學出版社提供譯稿。

繁體中文版的審稿、潤飾工作係由經濟新潮社編輯部負責。感謝鍾漢清先生、曾昭屏先生、楊亨利教授對譯稿的指正與建議。

經濟新潮社將持續出版經營管理、經濟學相關書籍,以饗讀者。希望您喜歡,並歡迎批評指教。

國家圖書館出版品預行編目（CIP）資料

最後期限：專案管理101個成功法則／湯姆·狄馬克
（Tom DeMarco）著；UMLChina翻譯組譯. -- 三版.
-- 臺北市：經濟新潮社出版：英屬蓋曼群島商家庭
傳媒股份有限公司城邦分公司發行, 2024.05
　　面；　　公分. --（經營管理；21）
20週年紀念版
譯自：The deadline: a novel about project management
ISBN 978-626-7195-66-6（平裝）

1. CST:專案管理　2. CST:通俗作品

494　　　　　　　　　　　　　　　　113007014